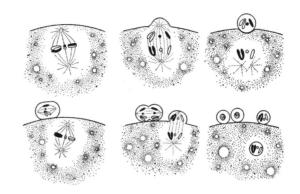

文化伟人代表作图释书系

An Illustrated Series of Masterpieces of the Great Minds

非凡的阅读

从影响每一代学人的知识名著开始

知识分子阅读，不仅是指其特有的阅读姿态和思考方式，更重要的还包括读物的选择。在众多当代出版物中，哪些读物的知识价值最具引领性，许多人都很难确切判定。

"文化伟人代表作图释书系"所选择的，正是对人类知识体系的构建有着重大影响的伟大人物的代表著作。这些著述不仅从各自不同的角度深刻影响着人类文明的发展进程，而且自面世之日起，便不断改变着我们对世界和自身的认知，不仅给了我们思考的勇气和力量，更让我们实现了对自身的一次次突破。

这些著述大都篇幅宏大，难以适应当代阅读的特有习惯。为此，对其中的一部分著述，我们在凝练编译的基础上，以插图的方式对书中的知识精要进行了必要补述，既突出了原著的伟大之处，又消除了更多人可能存在的阅读障碍。

我们相信，一切尖端的知识都能轻松理解，一切深奥的思想都可以真切领悟。

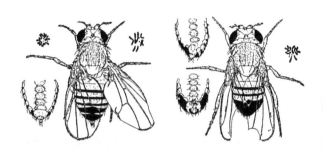

The Theory of
the Gene

胡志刚 / 译

基因论（全译插图本）

〔美〕托马斯·亨特·摩尔根 / 著

重庆出版集团 重庆出版社

图书在版编目（CIP）数据

基因论 /（美）托马斯·亨特·摩尔根著；胡志刚译. —重庆：
重庆出版社，2022.6
ISBN 978-7-229-16862-9

Ⅰ.①基… Ⅱ.①托… ②胡… Ⅲ.①基因－理论
Ⅳ.①Q343.1

中国版本图书馆CIP数据核字（2022）第089661号

基因论

JIYINLUN

〔美〕托马斯·亨特·摩尔根　著　　胡志刚　译

策 划 人：刘太亨
责任编辑：陈渝生
特约编辑：王道应
责任校对：李春燕
封面设计：日日新
版式设计：曲　丹

重庆出版集团
重庆出版社　**出版**

重庆市南岸区南滨路162号1幢　邮编：400061　http://www.cqph.com

重庆市国丰印务有限责任公司印刷
重庆出版集团图书发行有限公司发行
全国新华书店经销

开本：720mm×1000mm　1/16　印张：19.75　字数：346千
2022年7月第1版　2022年7月第1次印刷
ISBN 978-7-229-16862-9
定价：48.00元

如有印装质量问题，请向本集团图书发行有限公司调换：023-61520678

1883年，纽黑文市（位于美国康涅狄格州的海港城市）耶鲁学院获得了一笔8万美元的遗产捐赠。这笔遗产捐赠被校友们设为基金，用于纪念他们敬爱的赫普萨·伊利·西利曼夫人。

有了这个基金的支持，耶鲁学院开设了一个年度课程，旨在展示造物主的智慧和善意，就如同自然界和精神界所显示出的那样。我们将这些课程命名为"赫普萨·伊利·西利曼夫人纪念礼"。立嘱人相信，任何对自然或历史事实的有序陈述，都比任何对教义或信条要素的强调更有裨益，也更能有效地发挥该基金的价值。因此，立嘱人规定，用本基金开设的课程，应从自然科学和历史的领域中选择科目，尤其要突出天文学、化学、地质学和解剖学的地位，排除关于神学的教条式争论。该规定还包括，每年的课程内容应作为纪念西利曼夫人的一部分收入系列丛书。

纪念基金1901年归耶鲁大学董事会管理；蒙纪念基金的赏识，本书的研究成果得以发表于该系列丛书的第19卷。

鉴于《基因论》将出修订版，我便有了机会对初版的错误予以修正，并将书中的参考文献同参考书目中的参考文献更加密切地联系起来。我对参考书目做了精心修正，弥补了大量的遗漏，且增加了很多新的参考文献。

在《基因论》初版的同一年，我在《生物学评论季刊》上发表了一篇短文，讨论性别与受精作用的相关问题。但这一主题在《基因论》初版中并没有涉及。在研究低等植物与高等植物的性别决定方法的实验中，某些真菌和藻类的性结合现象，引起了生物学家的兴趣，他们提出了很多有根本意义的问题。于是我在取得出版商威廉士·威尔金公司的许可后，把该文中与这个现象有关的部分补充进来，作为"其他涉及性染色体的性别决定方法"一章的延伸。

在过去的两年间，出现了很多关于染色体数量以及染色体数量改变的文章。将这些文章全部纳入《基因论》不太可能，也没有必要，因为它们在大多数情况下，只是扩展了《基因论》中所探讨的主题，而没有在任何基本方面做出改变。不过，我在书中添加了几处对早期内容的简要说明，尤其是对于初版中的观点有所证实和补充的新的研究成果。

托马斯·亨特·摩尔根
马萨诸塞州　伍兹霍尔
1928年8月

如果说生物学的大门是由英国生物学家查尔斯·罗伯特·达尔文（Charles Robert Darwin，1809—1882）打开的，而生物性状的奥秘是由奥地利生物学家格雷戈尔·约翰·孟德尔（Gregor Johann Mendel，1822—1884）解锁的，那么，基因的世界无疑是由美国生物学家与遗传学家托马斯·亨特·摩尔根（Thomas Hunt Morgan，1866—1945）引入的。

所谓生物学，指的是研究生物（包括植物、动物和微生物）的结构、功能、发生和发展规律的学科，是自然科学的一个部分。生物学的研究目的在于阐明和控制生命活动，改造自然，为农业、工业和医学等实践服务。达尔文从小钟情于大自然中的万事万物，曾经乘坐贝格尔号舰环球航行，历时五年，他对动植物和地质结构等进行了大量的观察和信息采集。1859年，他的著作《物种起源》在伦敦出版。他提出了生物进化论学说，从而摧毁了各种唯心的神造论以及物种不变论，推动了生物学的迅速发展。

所谓物种性状，在遗传学中指的是有生命的物种在形态结构方面、生理功能方面和行为方式方面的特征。同种生物的同一性状常常有不同的表现形式，例如，人的毛发有直发、卷发，虹膜的颜色有蓝色、黑色，人有单、双眼皮，家兔毛有白色、黑色，豌豆有皱粒、圆粒等。而遗传学家把同种生物同一性状的不同表现形式称为相对性状。在偶然的一次实验中，孟德尔发现豌豆的不同性状并不是稳定遗传的。为了探寻生物性状的奥秘，他开始了长达八年的豌豆实验，最终他于1865年发现了现代遗传学三大定律中的两条，即分离定律和自由组合定律。这无疑极大地推进了生物学的发展，孟德尔也因此被誉为"经典遗传学奠基人"，其理论成为摩尔根所提出的基因论的基础。

所谓基因（或孟德尔所说的遗传因子），即遗传信息的基本单位，一般指位于染色体上编码一个特定功能产物（如蛋白质或RNA分子等）的一段核苷酸序列。它支持着生命的基本构造和性能，储存着种族、血型及孕育、生长、凋亡等过程的全部信息。20世纪初期，摩尔根站在巨人的肩膀上，通过果蝇的遗传实验，认识到基因存在于染色体上并以直线排列，从而得出了染色体是基因载体的结论。

摩尔根是现代实验生物学的奠基人。他曾在肯塔基州立学院（肯塔基大学的前身）和约翰斯·霍普金斯大学攻读动物学，获得博士学位，曾任哥伦比亚大学、加利福尼亚理工学院的实验动物学教授，是美国全国科学院院长，美国遗传学会主席、实验动物学和实验医学学会会员。摩尔根一生致力于胚胎学和遗传学研究，因创立关于基因在染色体上以直线排列的理论，发现染色体遗传机制，而获得了诺贝尔生理学或医学奖。其著作有《进化与适应性变化》《评进化论》《遗传与性》《基因论》《蛙卵的发育：实验胚胎学导言》《实验胚胎学》和《胚胎学与遗传学》等。

摩尔根的一生是为科学奉献的一生。1866年9月25日，他出生于肯塔基州列克星敦。他自幼热爱大自然，童年时代起就有自己的兴趣和爱好，例如捕蝴蝶、偷鸟蛋、收集化石和矿物标本，等等。他漫游了肯塔基州和马里兰州的大部分山村田野，还曾经随美国地质勘探队进山区实地考察、采集化石。14岁时，他考进肯塔基州立学院预科，两年后升入本科，1886年春以优异的成绩获得动物学学士学位，同年秋天，进入约翰霍普金斯大学研究生学院。入校报到前，摩尔根曾在马萨诸塞州安尼斯奎姆的一所暑期学校中接受短期训练，学到了不少关于海洋无脊椎动物的知识和基本实验技术。读研究生期间，他系统地学习了普通生物学、解剖学、生理学、形态学和胚胎学课程，并在布鲁克斯（W. K. Brooks, 1848—1908）的指导下从事海蜘蛛的研究。1888年，摩尔根的母校肯塔基州立学院对摩尔根进行考核后，授予他硕士学位和自然史教授资格，但摩尔根没有接受聘任，继续攻读博士学位。

在约翰斯·霍普金斯大学读博期间和留校任教的岁月里，摩尔根始终保持着对生物学界进展的高度关注。当1900年孟德尔的遗传学研究被重新发现后，不断有遗传学的新消息传到摩尔根的耳朵里。摩尔根一开始对孟德尔的学说和染色体理论表示怀疑。他提出一个非常尖锐的问题：如果生物的性别肯定是由基因控制的，那么，决定性别的基因是显性的，还是隐性的？不论作答者怎样回答，都要面对一个难以解释的现象：在自然界中大多数生物的两性个体比例是1∶1，而不论性别基因是显性的还是隐性的，都不会得出这样的比例。为了检验孟德尔定律，摩尔根曾亲自做了实验，他用家鼠与野生老鼠杂交，得到的结果五花八门，根本无法用定律解释；而关于染色体上有基因的说法，当时还只是猜测，用猜测的理论来解释孟德尔的遗传学说，对于坚持"一切通过实验"原则的摩尔根来说是不可信的。

怀疑归怀疑，摩尔根依然在自己的实验室里忙碌着。1908年，他开始用黑腹果蝇作为实验材料，研究生物遗传性状中的突变现象。果蝇属于苍蝇一类，但是比我们日常看到的苍蝇要小，体长不过半厘米，一个牛奶瓶就可以装下成百上千只果蝇。果蝇喜欢吃腐烂的水果，所以人们在夏日的水果摊前可以看到它们的身影，它们的名字也由此而来。作为实验材料，果蝇饲养容易，一点点香蕉浆就可以让它们饱食终日；果蝇繁殖力强，一天时间卵即可孵化为蛆，两到三天变成蛹，再过五天羽化为成虫，一年可以繁殖30代；果蝇细胞内的染色体很简单，只有4对8条，清晰可辨。第一批果蝇被摩尔根"关了禁闭"，他让手下的一名研究生在黑暗的环境里饲养果蝇，希望由于果蝇长期不用眼睛，而出现视力逐渐消失甚至眼睛萎缩或移位的品种。结果，连续繁殖了数十代，始终不见天日的果蝇还是睁着眼睛。当第69代果蝇刚羽化出来时，一时睁不开眼睛，那个研究生兴奋地叫摩尔根去看。还没等两人为实验成功击掌欢呼时，那些果蝇便恢复了常态，大摇大摆地向窗口飞去，留下目瞪口呆的师徒二人。在第二批实验中，摩尔根对这批果蝇"严刑拷打"，使用X光照射、激光照射，调节不同的温度，加糖、加盐、加酸、加碱，甚至不让果蝇睡觉，各种手段都用尽了，目的是诱发果蝇发生突变。一晃两年过去了，1910年5月，摩尔根在红眼的果蝇群中发现了一只异常的白眼雄性果蝇。他从来没有见过这样的类型，因此判断这只果蝇是罕见的突变品种。摩尔根及其同事、学生用这种果蝇继续做着实验。

1911年他提出了"染色体遗传理论"。果蝇给摩尔根的研究带来如此巨大的成功，后来有人说这种果蝇是上帝专门为摩尔根创造的。摩尔根发现，代表生物遗传秘密的基因的确存在于其生殖细胞的染色体上。而且，他还发现，基因在每条染色体内是以直线排列的，染色体可以自由组合，而排在同一条染色体上的基因是不能自由组合的。摩尔根把这种特点称为基因的"连锁"。摩尔根在长期的试验中发现，同源染色体的分离与结合，从而产生了基因的"交换"。不过，交换的情况很少，只占1%。连锁和交换定律，是由摩尔根发现的遗传学第三定律。他于20世纪20年代创立了著名的基因学说，并在1926年出版了其遗传学著作《基因论》。在其理论中，他揭示了基因是存在于染色体上的遗传单位，它能控制遗传性状的发育，也是突变、重组、交换的基本单位。但基因到底是由什么物质组成的，这在当时还是个谜。

《基因论》是一部遗传学著作，是遗传学发展史上一次伟大的飞跃。它包括以下主要内容：

1. 基因位于染色体上。因此，对生物体的性状可以单个地进行分析研究。基因论所有理论是以杂交子代的性状表现作为唯一依据的。也就是说，摩尔根所创立的理论，是对孟德尔遗传定律和染色体理论的继续和发展。

2. 生物所含基因的数量庞大，远超染色体的数量。因此，这些基因会以连锁群的形式出现：位于同一连锁群的基因按照连锁和交换定律将性状传递下去；位于不同连锁群的基因，会按照孟德尔遗传定律分离，再自由组合。

3. 同一连锁群的基因会在减数分裂时发生交换。在减数分裂的过程中，有序的交换会在同源染色体的等位基因上发生，其结果便是得到重新组合的基因连锁群。在这个新的基因连锁群中，不同基因是按照不同的交换率进行交换的，而基因在染色体上是按一定位置和顺序成直线排列的。这样一来，基因位置图便不难作出。

总的说来，基因论是对个体的生殖质中成对要素的研究，即基因的研究。基因在染色体上互相联合，形成具有一定数目的基因连锁群，并控制着生物性状的表现。当生殖细胞趋于成熟之际，同对染色体上的等位基因按照分离定律彼此分离，使得每个生殖细胞仅含一组基因；而不同的基因连锁群内，其基因又依照自由组合定律进行配对。与此同时，在相对的两个连锁群中，有时也会出现基因的有序交换，其交换率既可证明基因连锁群内的要素以直线排列，也能由此计算出这些基因的相对位置。

具体说来，本书可分为遗传研究、突变研究、染色体研究和性别研究。

第一章到第四章，以孟德尔的遗传学基本原理引入，探究基因在染色体上的位置和作用，提出基因连锁群的概念及其交换机制；第五章到第七章，进一步研究了突变性状的起源，探究了突变性状和基因缺失之间的关系以及多等位基因；第八章到第十三章则是对染色体的大篇幅探索，主要是对由染色体数目的成倍增加得来的三倍体、四倍体、多倍体进行探讨，此外，还对因染色体不规则增减而出现的异倍体，以及种间杂交时染色体数目的变化进行了深入的探讨；第十四章到第十七章，对性别决定机制、性中型以及性逆转进行论述；第十八章到第十九章，对全书进行了回顾，并得出基因具有高度稳定性这一浓缩性结论。

此书的内容远不止此，怀着敬佩之心和求知之欲，让我们一同走进基因的世界。

胡志刚

2022年5月26日

目 录 CONTENTS

第十八章　基因的稳定性 / 267

第十九章　总结 / 285

第一章　遗传学基本原理

现代遗传理论是通过将两个有着一种或多种不同性状的个体进行杂交之后，从杂交所得数据中总结出来的。这一理论主要研究遗传单位在相邻两代的个体间的分布情况。如同化学家提出的不可视原子，以及物理学家提出的不可视电子一样，遗传学家也提出了一种名为"基因"的不可视要素。在这一类比中，最核心的共同点在于物理学家、化学家和遗传学家都是根据实验所得的数据推导出各自的结论的。只有当现代遗传理论能帮助我们得出特定数字并根据这一特定数字做出定量预测时，它才有存在的价值。

现代遗传理论是通过将两个有着一种或多种不同性状[1]的个体进行杂交[2]之后，从杂交所得数据中总结出来的。这一理论主要研究遗传单位[3]在相邻两代的个体间的分布情况。如同化学家提出的不可视原子，以及物理学家提出的不可视电子一样，遗传学家也提出了一种名为"基因[4]"的不可视要素。在这一类比中，最核心的共同点在于物理学家、化学家和遗传学家都是根据实验所得的数据推导出各自的结论的。只有当现代遗传学理论能帮助我们得出特定数字并根据这一特定数字做出定量预测时，它才有存在的价值。这也是这一理论不同于以前的生物学理论的本质所在。以前的生物学理论，虽然也假设了不可视要素，但这些不可视要素的性质都是随意指定的。而基因论推陈出新，仅以数据作为唯一根据，并拟定各种单元属性。

孟德尔的两条定律

我们认为，格雷戈尔·孟德尔（G. Mendel, 1822—1884）[5]的功绩在于发现了遗传学的两条基本定律，从而为现代遗传理论奠定了基础。20世纪以来，相继有学者沿着同一方向继续深入研究，从而使得现代遗传理论有了更

---

〔1〕性状：指可遗传的发育个体和全面发育个体所能观察到的（表型）特征，包括生化特性、细胞形态或动态过程、解剖构造、器官功能或精神特性的总和。

〔2〕杂交：这里指两个个体的配子进行融合，这是遗传学中常用的经典实验方法。这种方法可通过不同基因型的个体间的交配，取得某些由双亲基因重新组合而成的个体。

〔3〕遗传单位：含特定遗传信息的一段核苷酸序列。

〔4〕基因（遗传因子）：遗传信息的基本单位。一般指位于DNA或某些RNA分子上能编码特定功能产物（如蛋白质或RNA分子等）的一段核苷酸序列。

〔5〕孟德尔：奥地利生物学家。他出生于奥地利西里西亚（今属捷克）海因策道夫村，是遗传学的奠基人，被誉为"现代遗传学之父"。他通过豌豆实验，发现了遗传学三大基本定律中的两个，分别为分离定律和自由组合定律。

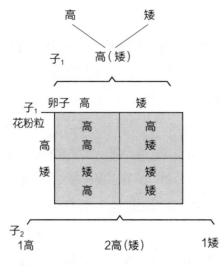

□ **图1**

高茎豌豆和矮茎豌豆杂交，所得子一代都为高茎杂合子。子一代的配子（卵子和花粉粒）重新组合，所得后代如方格所示，杂合子二代中出现了3∶1的高矮茎比例。

为广泛的基础，并日趋完善。孟德尔的发现，可以通过如下几个常见的例子加以说明。

他将高茎可食用豌豆和矮茎可食用豌豆（后文简称高茎和矮茎）进行杂交。它们的后代是杂合子[1]，子一代（杂交第一代）全都是高茎（如图1）。再使子一代自花受粉[2]，在孙代（子二代）中，高茎和矮茎的比例变为3∶1。如果说，高茎豌豆的生殖细胞[3]中含有使豌豆表现出高茎性状的某种物质存在，矮茎豌豆的生殖细胞中含有使豌豆表现出矮茎性状的某种物质存在，那么子一代杂合子中就该含有这两种物质。既然杂合子表现出的性状是高茎，那么很明显当这两种物质同时存在于同一株豌豆中时，高茎相对于矮茎是显性

〔1〕杂合子：指同源染色体特定基因位上的两个不同等位基因的个体，如Aa。杂合子交配所生后代会出现性状的分离。

〔2〕自花受粉：指在同一朵花中，雄蕊的花粉落到雌蕊的柱头上，也叫自交。有的花不待花苞张开，就已经完成了受精作用，这种现象称为闭花传粉或闭花受精现象。自花受粉的植物必然是两性花，而且一朵花中的雌蕊与雄蕊必须同时成熟。自然界中自花受粉的植物比较少，如豌豆便是典型的闭花受精植物。这是因为在其呈蝶形的花冠中，有一对花瓣始终紧紧地包裹着雄蕊和雌蕊。

〔3〕生殖细胞：多细胞生物体内能繁殖后代的细胞的总称，包括从原始生殖细胞直到最终已分化的生殖细胞（精子和卵细胞），均为单倍体细胞，其中包含一条性染色体。

性状[1]，或者可以反过来说，矮茎相对于高茎是隐性性状。

孟德尔指出，我们可以用一个很简单的假定去解释子二代中的高茎和矮茎出现3∶1的数量之比的原因。当卵细胞[2]和花粉粒[3]在植物中趋于成熟时，如果高茎豌豆的生殖细胞中的某种物

子₁	卵子	矮	矮
	花粉粒	矮 高	矮 高
	高		
	矮	矮 矮	矮 矮

□ 图2

　　子一代中的高茎杂合子与亲本隐性纯合子交配，产生1∶1的高茎和矮茎后代。

质和矮茎豌豆的生殖细胞中的某种物质（两者在后代的杂合子中同时存在）在杂合子中分离开来，那么一半的卵细胞会携带高茎要素，另一半的卵细胞会携带矮茎要素。花粉粒亦是如此。这么一来，含有高茎或矮茎基因的卵细胞和花粉粒都会以同等的机会受精[4]，而且其所得后代中高茎和矮茎数量之比平均为3∶1。这是因为，高茎和高茎结合，会得到高茎豌豆；高茎和矮茎结合，会得高茎豌豆；矮茎和高茎结合，会得高茎豌豆；而矮茎遇到矮茎时，则会得到矮茎豌豆。

---

　　〔1〕显性性状：具有一对相对性状的纯合亲本进行杂交，子一代为杂合体，相应的等位基因中其中一个对表现出的性状有明显影响，另一个则暂时不表现，表现出的那个亲本的性状为显性性状。例如高茎豌豆与矮茎豌豆杂交，子一代全部为高茎，没有一株是矮茎的，则高茎相对矮茎是显性，或叫显性性状。显性是生理现象，可随环境条件的不同而发生改变。

　　〔2〕卵细胞：也称卵子或雌性生殖细胞，一般为球形或卵圆形，较精子大。多数卵细胞是不活动的，含有大量的营养物质。卵细胞是生殖器官中的卵原细胞经过初级卵母细胞、次级卵母细胞等发育阶段，最后成为卵细胞的。高等动物的卵原细胞存在于胚胎期，其产生后便生长为卵细胞，长到足够大的初级卵母细胞经过减数分裂Ⅰ，排出第一极体而成为次级卵母细胞，次级卵母细胞经过减数分裂Ⅱ以及有关发育过程才成为卵细胞。

　　〔3〕花粉粒：每个单核的植物蕊上的花药（植物精子）被称为单个花粉粒，其大小只有在显微镜下才能看到。

　　〔4〕受精（植物）：指的是两种配子融合成为合子的过程。合子会发育成具有双亲遗传性的新个体。受精是有性生殖的中心环节。

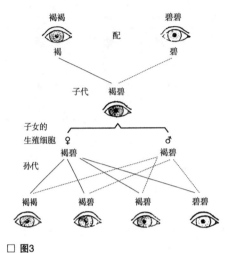

□ 图3

褐眼人和碧眼人婚配遗传情况。

卵	碧	碧
精子	碧	碧
褐	褐	褐
碧	碧	碧
	碧	碧

□ 图4

子一代中的一个褐眼人（褐碧，即含碧眼基因的杂合子），与一个隐性型的碧眼人婚配，产生1∶1的褐眼人个体和碧眼人个体。

孟德尔以一个简单的测试验证了其假设的真实性。他将子二代所得矮茎与子一代所得高茎杂交，观察杂交后所得的F₃杂合子的生殖细胞中是否出现了高茎和矮茎这两种要素，同时观察F₃杂合子是否出现1∶1比例的高茎和矮茎（如图2）。实验表明，结果的确如此。

高茎豌豆和矮茎豌豆的关系，同样可以用人类眼珠颜色这一性状的遗传情况加以说明。碧眼人同碧眼人婚配，其后代的眼睛一定也是碧眼；褐眼人同褐眼人婚配，如果二者的祖先都是褐眼的话，他们所得后代的眼睛也必然是褐眼（如图3）。如果一个碧眼人和一个纯种褐眼人婚配，所得子一代的眼睛会是褐眼。如果子一代中的褐眼人彼此婚配，那么他们后代的眼睛中会出现褐眼和碧眼，且褐眼与碧眼的比例为3∶1。 如果杂种褐眼人（子一代褐碧）同碧眼人婚配，那么他们的子女一半是褐眼人，另一半则是碧眼人（如图4）。

或许，另外一些物种的杂交对于孟德尔第一定律会有更为直观的解释。譬如，将红花紫茉莉植株与白花紫茉莉植株杂交，所得的子一代杂合子全是粉色花朵的紫茉莉植株（如图5）。如果将子一代粉花紫茉莉的杂合子自花授粉，那么在所得的子二代杂合子性状中，会出现祖代[1]的红花、子一代的粉花和祖代的白花，且红花、粉花和白花的比例为1：2：1。若两个带有红花基因的生殖细胞相遇，子二代就会恢复出其祖代的红色花朵；若两个带有白花基因的生殖细胞相遇，子二代就会恢复出祖代的白色花朵；若红花基因和白花基因相遇，子二代便会出现子一代中的粉色花朵。子二代的所有花朵中，有色花朵和白色花朵的比例是3：1。

在此，我们还应当注意到两个重要的事实。其一，杂交所得子二代中，因为红花紫茉莉和白花紫茉莉都含有红花要素和白花要素，所以，如果将它们进行交配，可能会产生纯种红花或者纯种白花后代。其二，既然子二

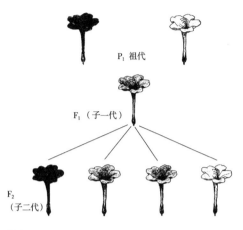

□ 图5

将红花紫茉莉植株和白花紫茉莉植株杂交，得到的子一代全为粉色花朵，子二代花朵出现红色、粉色和白色的比例为1：2：1。

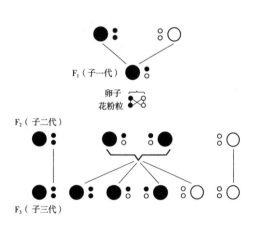

□ 图6

红花和白花紫茉莉杂交种的生殖细胞的演变过程。小黑圈表示产生红花的基因，小白圈表示产生白花的基因。

---

〔1〕祖代：参与杂交的亲代，指父方和母方两方。

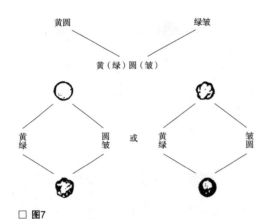

□ **图7**

图7用以阐述黄圆豌豆和绿皱豌豆的孟德尔式遗传规律。图7下半部分是子二代中所得的四种豌豆：两种原始类型（黄圆豌豆和绿皱豌豆）和两种结合类型（黄皱豌豆和绿圆豌豆）。

代中的粉色紫茉莉像子一代一样，其包含的红色和白色两种花色的基因各一半，那么它们不会产生纯种的粉色花朵后代（图6）。当这些子二代的植株被用于实验检测时，其实验结果也证实了上述两个事实。

以上所得实验结果，只是想告诉我们，杂合子生殖细胞中有来自父方的一些因子，也有来自母方的一些因子。这些因子，彼此之间是分离的。

就单单从父母双方的因子彼此分离这一证据来看，这些结果或许可以解释为：在遗传中，红花植株或白花植株都是将全部性状作为一个整体来遗传给后代的。

此时，另一个实验进一步回答了性状是否整体遗传这一问题。孟德尔将黄色圆粒（豌豆为黄色，表皮圆润）豌豆植株和绿色皱粒（豌豆为绿色，表皮有褶皱）豌豆植株进行杂交。之前所得的杂交结果已经表明，豌豆的黄色和绿色是一对相对性状[1]，而且所得子二代中出现黄色和绿色的比例为3∶1，那么这样说来，圆粒和皱粒应该为另一对相对性状（如图7）。

在这一实验中，黄色圆粒豌豆和绿色皱粒豌豆杂交所得一代，都为黄色圆粒豌豆；将这一代的黄色圆粒豌豆进行自交，子二代所得到的黄色圆粒

---

〔1〕相对性状：同种生物某种性状的不同表现类型。例如：豌豆的花色有白色和红色，绵羊的毛色有白毛与黑毛，小麦的抗锈病与易染锈病，大麦的耐旱性与非耐旱性，人的单眼皮和双眼皮等各属于一对相对性状。

豌豆、黄色皱粒豌豆、绿色圆粒豌豆和绿色皱粒豌豆的数量比为9∶3∶3∶1。

孟德尔指出，如果黄色、绿色这一组要素的分离与圆粒、皱粒这一组要素的分离是独立进行，且互不干扰的话，那么在这个实验中，子二代所得的比例数据结果就可以解释得通了。子二代杂合子的生殖细胞所含要素就会存在四种情况：黄色圆粒要素、黄色皱粒要素、绿色圆粒要素和绿色皱粒要素（如图8）。

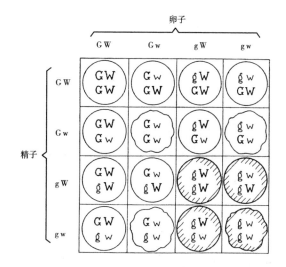

□ 图8

　　子二代中由四种卵子和四种花粉粒互相结合而产生的16种新组合（由纯种黄圆豌豆和绿皱豌豆交配所得子一代自交而产生，G：黄；g：绿；W：圆；w：皱）。

如果这四种卵细胞和四种花粉粒随机受精，那么可能出现16种组合方式。我们需要明确的是，黄色相对于绿色是显性性状，圆粒相对于皱粒是显性性状。这样一来，这16种组合方式会出现四类植株，并以9∶3∶3∶1的比例呈现。

这个实验的结果表明，我们不能再继续假定，杂合子在繁育下一代时，体内源自父方的全部生殖质[1]和源自母方的全部生殖质会分离开来，各自以整体遗传到子代中。那是因为，我们所看到的黄色和圆粒这两个性状本是存在于祖代中一方的，但在某些子代中，这两个性状分别出现在了两个个体

---

〔1〕生殖质：此处特指含遗传信息的性细胞。

中。出现在祖代中的绿色和褶粒这两个性状亦是如此。

孟德尔进一步证明，当有三对甚至四对性状参加杂交时，在子一代杂合子的生殖细胞中，一对性状中的要素可以和另一对性状中的要素自由组合。

不管有多少对性状进入杂交，性状间要素可以自由组合这一理论似乎也是说得通的。那么，这就意味着，这个生物有多少对有可能出现的相对性状，在其生殖质中就会存在多少对独立的要素。然而，之后的研究表明，孟德尔的自由组合[1]定律在应用上受到限制，因为生殖质内的很多组要素并非是自由组合的，在后面的子代中，有些特定的要素在进入下一代时，会更倾向于和某特定要素结合在一起。这被称为"连锁"。

连锁

1900年，孟德尔的论文重新受到重视。四年之后，贝特森（W. Bateson，1861—1926）和庞尼特（R. C. Punnett）[2]的观察报告显示，两组独立的性状在杂交时，实验所得结果与预期数据不相符。例如，当带长花粉粒的紫花香豌豆和带圆花粉粒的红花香豌豆（以下简称紫长和红圆）杂交时，后代中大量出现祖代中的两种豌豆，且其出现的频率高于预期的紫红和圆长自由组合的数据（如图9）。贝特森和庞尼特解释这些实验结果是因为来自祖代的紫长

---

〔1〕奥地利遗传学家格雷戈尔·孟德尔在1865年发表的并催生了遗传学的著名定律。他所揭示的遗传学的两个基本定律——分离定律和自由组合定律，统称为孟德尔遗传规律。自由组合定律，也称为孟德尔第二定律，是现代生物遗传学三大基本定律之一：当具有两对（或更多对）相对性状的亲本进行杂交并形成子一代配子时，等位基因分离，非同源染色体上的基因表现为自由组合。其实质是非等位基因自由组合，即一对染色体上的等位基因与另一对染色体上的等位基因的分离或组合是互不干扰的，各自独立地分配到配子中去。因此它也被称为独立分配定律。

〔2〕庞尼特：英国遗传学家，最有名的贡献便是庞尼特方格。

这一组搭配与红圆这一组搭配相互排斥（紫花这一性状与圆花粉粒这一性状同时出现在同一植株中）。如今，我们将这种关系称之为连锁。正是因为有连锁的存在，我们知道，当确切的性状组合在一起且进入下一轮杂交时，这些性状在下一代中也倾向于以组合出现，或者可以用否定的方式来陈述这一观点，即祖代中出现的成对性状不会随机分配。

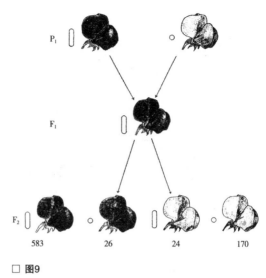

□ 图9

带长花粉粒的紫花香豌豆和带圆花粉粒的红花香豌豆的杂交。图示的最后一排数字是子二代中所得四种个体的比例。

接下来，就连锁来看，它似乎也对后代的生殖质划分存在着限制。例如，我们知道在果蝇中，黑腹果蝇[1]有着400多种新型变种，它们可分成四个基因连锁群[2]。

在这四个连锁群中，有一个连锁群中的黑腹果蝇是性连锁[3]的，其某些性状的遗传与性别有着很大的关联。在这类果蝇中，大约会出现150种性

〔1〕黑腹果蝇：被人类研究得最彻底的生物之一，是一种原产于热带和亚热带的蝇种。它和人类一样分布于世界各地，并且在人类的居室内过冬。在遗传、发育、生理和行为等方面，果蝇是最常见的研究对象之一。原因是它易于培养，繁殖快，使用经济：它在室温条件下，十天就可以繁殖一代；且只有四对染色体，易于遗传操作；它还有很多突变体可以利用。

〔2〕基因连锁群：位于一条染色体上的所有基因。基因连锁群的数目和染色体对的数目相等，例如果蝇的染色体数目为四，其基因连锁群的数目也为四。

〔3〕性连锁：又称伴性遗传，是指在遗传过程中子代的部分性状由性染色体上的基因控制，这种由性染色体上的基因所控制的性状遗传总是和性别相关。

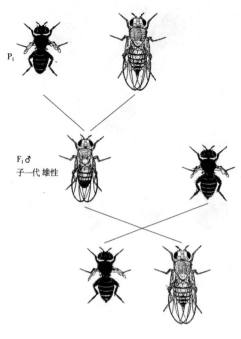

□ 图10

有四种连锁隐性性状（黑体、紫眼、痕迹翅和翅基斑点）的果蝇与野生型果蝇的正常等位性状（即相对性状）的遗传。子一代的雄果蝇和具有四种隐性性状的雌果蝇交配，所得子二代（图底部）只有与祖代的性状相同的两种组合。

连锁突变性状。有几种性状与果蝇眼睛的颜色有关，还有一些性状与果蝇眼睛的形状、大小和小眼分布的规律性有关，有的性状会影响果蝇身体的颜色、翅膀的形状或者是翅脉的分布，另外还有一些性状会影响果蝇全身的刺和毛。

第二个连锁群有大约120种突变性状，这些性状包括果蝇身体各部位的改变，但没有一种突变性状与第一组的相同。

第三个连锁群大约有130种有关果蝇身体部分的性状，但所有的这些性状与前两组的都不相同。

第四个连锁群性状比较少，只有三种性状：第一种性状与眼睛大小有关，导致在极端情况下出现没有眼睛的果蝇个体；第二种性状与翅膀的形状有关；第三种性状与果蝇毛的长短有关。

在如下实验中，我们可以看出连锁性状的遗传规则。一只雄性黑腹果蝇有着四种连锁性状——黑体、紫眼、痕迹翅、翅基斑点（属于上述的第二个连锁群），与有着普通性状——灰体、红眼、长翅、无斑的野生型雌性果蝇交配（如图10），它们的后代所表现出的性状是野生型果蝇的性状。如果它们交配所得到的雄性子一代（这几种性状在雌果蝇中并不完全连锁，所以这里有必要选用雄果蝇）与有着隐性性状（黑体、紫眼、痕迹翅、翅基斑点）的普通雌性黑腹果蝇交配，那么它们的后代（子二代）中只有两种类型：一半果蝇有一个祖代的四种隐性性状（黑体、紫眼、痕迹翅、翅基斑点），另一半有另一祖代的野生型性状（灰体、红眼、长翅、无斑）。

这里有两组相对的连锁（或等位）基因一同进入交配。当雄性杂合子的生殖细胞趋于成熟时，有一组连锁隐性基因会进入一半数量的精细胞内，而另一半的野生型精细胞内会有另一组与野生型性状相对的等位基因进入。将上述子一代雄性杂合子果蝇与有着四种纯隐性基因的雌性纯合子交配，根据结果我们可以得出这样的结论：上述的两种精细胞是存在的。因为此种纯合子的每个成熟的卵子都会带有这四种隐性基因，此卵子和带有野生型基因的精子结合，会得到野生型果蝇；此卵子和任何一个带有四种隐性基因的精子结合，都会得到黑体、紫眼、痕迹翅和翅基斑点的果蝇。在这里，我们可以看到，子二代果然只有这两种个体。

交换[1]

一个连锁群内的基因往往不会像上述给定实验中的基因一样完全连锁。事实上，源于同一杂交试验所得出的子一代雌蝇，某染色体组内一些隐性性状的基因会和其他染色体组内的野生型性状的基因发生交换。不过，相较于交换，这些基因的连锁会更加频繁。也就是说，基因会更多地连锁在一起而

---

〔1〕交换：在减数分裂形成四分体时，位于同源染色体上的等位基因有时会随着非姐妹染色单体的交换而发生交换，因而产生了基因的重组。应当说明的是，基因的连锁和交换定律与基因的自由组合定律并不矛盾，它们是在不同情况下发生的遗传规律：位于非同源染色体上的两对（或多对）基因，是按照自由组合定律向后代传递的；而位于同源染色体上的两对（或多对）基因，则是按照连锁和交换定律向后代传递的。

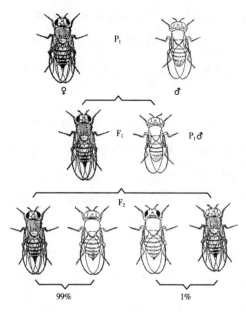

□ **图11**

　　拥有两组隐性连锁性状的黄翅白眼雄果蝇，与拥有正常等位基因性状的灰翅红眼雌果蝇交配的遗传情况。

非发生交换。我们将基因的交换作用称为"交换"，即在两个染色体组中相对的连锁基因群内，基因会有序地发生大量的交换。因为了解交换原理对于之后的进一步研究相当重要，所以让我们来看看如下给出的关于交换的例子。

　　当一只有着黄翅白眼这两种隐性突变性状的雄性果蝇与一只有着灰翅红眼这两种野生型性状的雌果蝇交配时，其子一代的果蝇全都是灰翅红眼（如图11）。如果其子一代的雌果蝇（灰翅红眼）与有着黄翅白眼这两种隐性性状的雄果蝇交配，那么它们会得到四种类型的子二代。其中，有两种所表现出来的性状和其祖代的相同，为黄翅白眼和灰翅红眼，且其数量占据子二代的99%。这些联合参加杂交的两对性状再组合的百分比，大大高出了孟德尔自由结合定律所预期的结果。除了带祖代性状的两种果蝇之外，子二代还有另外两种果蝇（如图11），它们分别是黄翅红眼和灰翅白眼，但两者的数量合在一起，只占子二代的1%，我们将其称之为"交换型"。这两种果蝇无疑是将祖代的性状进行交换，而且代表了两个连锁群之间的交换作用。

　　将之前同样的基因以不同的组合方式结合，我们还做了另一个相似的实验。如果让黄翅红眼的雄果蝇和灰翅白眼的雌果蝇交配，其子一代的雌果蝇

为灰翅红眼。如果将子一代的
雌果蝇与一只有着两组隐性
突变性状的黄翅白眼雄果蝇
交配，会得到四种类型的子二
代。其中带祖代性状的黄翅红
眼的果蝇和灰翅白眼的果蝇数
量达到了99%，而新的组合性
状，或者说是新型交换性状，
即黄翅白眼和灰翅红眼，在第
二代中仅占1%（如图12）。

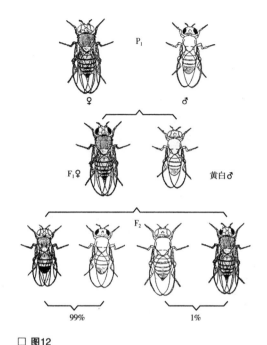

□ **图12**
　　两组连锁性状的遗传和图11相同，但结合方式相反，即
黄翅红眼和灰翅白眼。

　　以上这些实验结果表明，
在杂交时，两对性状不管以什
么样的方式组合，曾经作为祖
代组合在一起的两对性状很有
可能会一起出现在子代中（两
对性状不论杂交时如何重组，它
们之间的交换率总是相同的）。如果这两组隐性性状基因在进行交配时是一起
进入的，那么在其后代中，它们也会倾向于一起出现。贝特森和庞尼特将这
种关系称为"联偶"。如果其中一种隐性基因是来自父本（或母本），而另
一种隐性基因是来自母本（或父本），那么在子代中，此两种隐性基因不会
倾向于同时出现在同一子代个体中（这种隐性基因最开始随着哪种基因进行交
配就会与哪种基因结合），贝特森和庞尼特两人将这种关系称为"推拒"。然
而，从这两组杂交的实验中，我们可以清楚地看到，这并非是两种现象，而
是同一定律的两种不同表现形式，即祖代一方的两组性状在杂交时，不管是
显性性状还是隐性性状，都会更倾向于在子代的个体中一起重现。

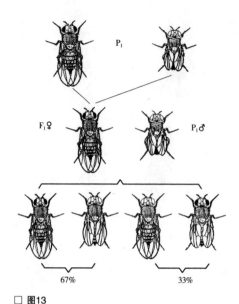

□ **图13**

　　白眼细翅和红眼长翅这两组连锁性状的遗传。

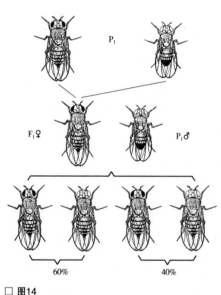

□ **图14**

　　白眼叉毛和红眼直毛这两组连锁性状的遗传。

　　在杂交中，其他性状间的交换率会以不同的比例出现。例如，带白眼细翅这两种突变性状的雄果蝇与野生型红眼长翅的雌果蝇交配，其子一代都是红眼长翅果蝇（如图13）。若将子一代的雌果蝇（红眼长翅）和白眼细翅的雄果蝇交配，那么子二代会得到四种果蝇，其中和祖代一样有着白眼细翅和红眼长翅的果蝇共占67%，而新型白眼长翅和红眼细翅的果蝇共占33%。

　　而在如下实验中，子二代可以得到更高百分比的新型果蝇。将白眼叉毛的雄果蝇和野生型红眼直毛的雌果蝇交配（如图14），它们的子一代会得到红眼直毛果蝇。如果将子一代中的雌果蝇（红眼直毛）与白眼叉毛的雄果蝇交配，那么子二代会得到四种个体。其中，祖父母型（与祖代性状相同的果蝇）共占60%，交换型（与祖代性状不同的果蝇）共占40%。

　　有关交换的研究显示，交换

型的个体数量在子二代中的各种占比都有，最高可能占到子二代的50%。如果确实出现了50%的交换率（交换出现新性状的个体在子二代中比例），那么数据结果就和自由组合定律相契合了。这样一来，尽管这些性状就出现在一个连锁群里面，我们也不会发现性状存在连锁性。然而，我们还是可以从两组性状各自与同一群内第三类性状的共同连锁关系中观察到，这两组性状属于同一种群成员的关系。如果说能发现超过50%的新的交换型果蝇，那么就会出现一种颠覆性的连锁性，因为其子二代中，交换型出现的个体比例会比祖父母型的更多。

事实上，雌性果蝇内交换率通常不会高于50%，那是因为存在另外一种关联现象，即双交换。双交换意味着参加杂交的两组基因会有两处发生交换，其结果会降低杂交实验案例的可观察性，因为第二次交换会破坏第一次交换的结果。这一现象，我们会在后面作出解释。

很多基因在杂交过程中会同时交换

在上述给定的杂交例子中，我们只对两组性状进行了研究。证据显示，参加杂交的两对基因仅发生了一次交换。为了获取在其他地方（连锁群中的剩下部分）发生了多少次交换的信息，找出整个基因群组中所有成对性状便是十分有必要的。例如，将有着九种性状（盾片、多棘、缺横脉、截翅、黄褐、朱眼、石榴石、叉毛和短毛）的雌蝇和野生型雄蝇杂交，再将子一代所得雌蝇与（如图15）有着九种隐性性状的雄蝇杂回交[1]，那么所得子二代中的性状会出现各种各样新的交换。如果交换发生在两群的中间序列（介于朱眼和石榴石

---

〔1〕回交：子一代和两个亲本中的任意一个进行杂交的一种方法。在遗传研究中，常利用回交的方法来加强杂种个体的性状表现，特别是与隐性亲本的回交，它是检验子一代基因型的重要方法。用回交方法所产生的后代称为回交杂种。

□ 图15

两个连锁基因的等位基因序列图。上行是九种性连锁基因的大概位置，下行为正常等位基因。

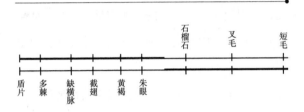

□ 图16

图为发生在石榴石与朱眼之间的交换，即图15靠近两群中间的部分。

之间），那么就会出现两个半截整体交换的情况（如图16）。

在其他案例中，交换可能发生在某末端（例如，可能会发生在多棘和缺横脉之间），例如，两群中只有末端很短的一部分参与了交换（如图17）。此种类型的交换不管何时出现，都会以整组基因互相交换的方式发生。尽管在交换中，我们会关注到交换只发生在交换点两侧的基因中，但实则整组基因都在互相交换。

当基因群组同时在两处进行交换时，参与交换的基因也是很多的。例如，在两组基因中，假设有一处交换发生在截翅和黄褐之间，另一处交换发生在石榴石和叉毛之间（如图18），那么其实两组中的中间基因全都交换过了。如果没有中间的一段突变基因[1]作为标志，这个交换过程将是难以觉察的，毕竟其两端的基因排列仍和以前一样。

---

〔1〕突变是指基因组DNA分子发生突然的、可遗传的变异现象。从分子水平上看，基因突变是指基因在结构上发生碱基对组成或排列顺序的改变。基因虽然十分稳定，能在细胞分裂时精确地复制自己，但这种稳定性是相对的。在一定条件下，基因也可以从原来的存在形式突然改变成另一种新的存在形式，也就是在某个位点上，突然出现了一个新基因，代替了原有基因，这个新基因就叫作突变基因。

基因的直线排列

显而易见，如果两组基因挨得越近，它们之间发生交换的概率越小；两组基因离得越远，交换的概率越大。换句话说，这两组基因间离得越远，相应的分离概率就会越大。我们可以利用这些关系去获得任何两对基因的"图距"信息。而有了这些信息后，我们可以建构每个连锁群内一系列基因的相对位置图表，例如根据目前的研究结果所制成的果蝇连锁群图表（如图19）。

□ **图17**

图为发生在多棘与缺横脉之间的交换，即图15中靠近两群左端的部分。

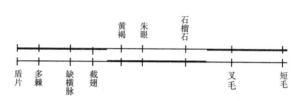

□ **图18**

图15中的两组基因发生双交换，其中一处是发生在截翅和黄褐之间的一次交换，另一处是发生在石榴石与叉毛之间的一次交换。

在先前对基因排列和杂交的阐述中，我们认为基因是以线性排列的，就好像是一根绳子上的串珠。事实上，从杂交所得的数据，我们可以看到此种线性排列也是唯一一个能与实验所得结果相符的排列方式。如下例子（如图20）可继续对这种线性排列进行阐释。

假设黄翅和白眼之间的交换率为1.2%，且白眼基因与同组直线排列第三基因二裂脉之间的交换率测得3.5%（如图20），如果二裂脉基因和白眼基因在同一条直线上，且二裂脉基因在白眼基因的下侧，那么预期二裂脉基因和黄翅基因之间的交换率为4.7%；如果二裂脉基因在白眼基因的上侧（即在白眼和黄翅之间），那么二裂脉基因和黄翅基因之间的交换率则为2.3%。而实际

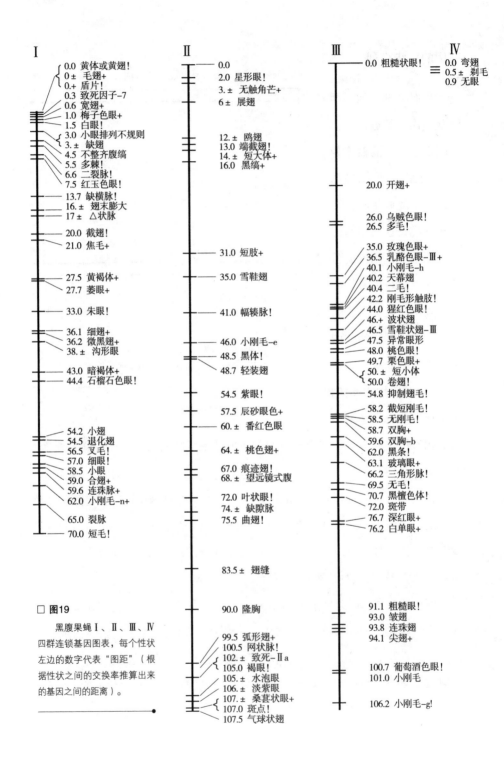

I

- 0.0 黄体或黄翅!
- 0± 毛翅+
- 0.+ 盾片
- 0.3 致死因子-7
- 0.6 宽翅+
- 1.0 梅子色眼+
- 1.5 白眼!
- 3.0 小眼排列不规则
- 3.± 缺翅
- 4.5 不整齐腹缟
- 5.5 多棘
- 6.6 二裂脉!
- 7.5 红玉色眼!
- 13.7 缺横脉!
- 16.± 翅末膨大
- 17.± △状脉
- 20.0 截翅!
- 21.0 焦毛+
- 27.5 黄褐体+
- 27.7 菱眼+
- 33.0 朱眼!
- 36.1 细翅+
- 36.2 微黑翅+
- 38.± 沟形眼
- 43.0 暗褐体+
- 44.4 石榴石色眼!
- 54.2 小翅
- 54.5 退化翅
- 56.5 叉毛!
- 57.0 细眼!
- 58.5 小翅
- 59.0 合翅+
- 59.6 连珠脉+
- 62.0 小刚毛-n+
- 65.0 裂脉
- 70.0 短毛!

II

- 0.0
- 2.0 星形眼!
- 3.± 无触角芒+
- 6± 展翅
- 12.± 鸥翅
- 13.0 端截翅!
- 14.± 短大体+
- 16.0 黑缟+
- 31.0 短肢+
- 35.0 雪鞋翅
- 41.0 幅辏脉!
- 46.0 小刚毛-e
- 48.5 黑体!
- 48.7 轻装翅
- 54.5 紫眼!
- 57.5 辰砂眼色+
- 60.± 番红色眼
- 64.± 桃色翅+
- 67.0 痕迹翅!
- 68.± 望远镜式腹
- 72.0 叶状眼!
- 74.± 缺隙脉
- 75.5 曲翅!
- 83.5± 翅缝
- 90.0 隆胸
- 99.5 弧形翅+
- 100.5 网状脉!
- 102.± 致死-IIa
- 105.0 褐眼!
- 105.± 水泡眼
- 106.± 淡紫眼
- 107.± 桑葚状眼+
- 107.0 斑点!
- 107.5 气球状翅

III

- 0.0 粗糙状眼!
- 20.0 开翅+
- 26.0 乌贼色眼!
- 26.5 多毛!
- 35.0 玫瑰色眼+
- 36.5 乳酪色眼-III+
- 40.1 小刚毛-h
- 40.2 天幕翅
- 40.4 二毛!
- 42.2 刚毛形触肢!
- 44.0 猩红色眼!
- 46.± 波状翅
- 46.5 雪鞋状-III
- 47.5 异常眼形
- 48.0 桃色眼!
- 49.7 栗色眼+
- 50.± 短小体
- 50.0 卷翅!
- 54.8 抑制翅毛!
- 58.2 截短刚毛!
- 58.5 无刚毛!
- 58.7 双胸+
- 59.6 双胸-b
- 62.0 黑条!
- 63.1 玻璃眼+
- 66.2 三角形脉!
- 69.5 无毛!
- 70.7 黑檀色体!
- 72.0 斑带
- 76.7 深红眼+
- 76.2 白单眼+
- 91.1 粗糙眼!
- 93.0 皱翅
- 93.8 连珠翅
- 94.1 尖翅+
- 100.7 葡萄酒色眼!
- 101.0 小刚毛
- 106.2 小刚毛-g!

IV

- 0.0 弯翅
- 0.5± 剃毛
- 0.9 无眼

□ **图19**

黑腹果蝇 I、II、III、IV 四群连锁基因图表，每个性状左边的数字代表"图距"（根据性状之间的交换率推算出来的基因之间的距离）。

所得结果是，两个基因的交换率为4.7%，所以二裂脉基因应位于白眼基因的下端。每次将一个新的基因与同一直线连锁内其他两个基因比较时，都会得到此种结果。我们发现，在杂交实验中，新性状基因与直线连锁群中两个

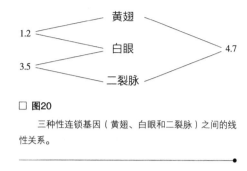

□ **图20**
　三种性连锁基因（黄翅、白眼和二裂脉）之间的线性关系。

已知性状基因中任意一个基因的交换率，要么等于两个已知基因交换率之和，要么等于两个已知基因交换率之差。这就是直线上各点间的关系，同样也是基因呈现线性关系的证据，因为目前还没有发现任何其他空间关系可以满足这些条件。

基因论

现在，我们可以综述一下基因论了：

基因论认为，个体间所呈现的性状与生殖质中成对存在的要素（基因）有关，这些基因互相联合，组成一定数目的基因连锁群。根据孟德尔第一定律，当生殖细胞成熟时，其中两组细胞所含的基因会分开进入生殖细胞中，使得每一个生殖细胞只含一组基因；根据孟德尔第二定律，这些生殖细胞会独立地进行自由组合；在两个连锁群内，基因有时会发生有序的交换；交换率的线性关系证明了连锁群中的基因是以直线排列的，也证明了基因间的相对位置。

我将这些规则合起来称为"基因论"。基因论使我们得以在严格的数据基础上研究遗传学问题，并容许我们用很高的精确度去预测在何种情形中会发生何种事件。在这些方面，基因论完全符合科学理论的必要条件。

第二章　遗传粒子理论

　　我冒昧地认为，现代基因理论不管与旧理论如何相似，两者也是截然不同的。因为现代基因理论是根据实验遗传学证据一步一步地推演而来的，而证据本身，也处处受到严格的控制。当然，基因论不必，也不会自认为是最终版本。毫无疑问，它会往新的方向上多加改进，但就目前我们所研究的遗传事实，大多可以从现有的理论得到解释。

从前一章给出的证据可得出结论：在生殖质中，存在着一些遗传单元，在很大程度上，这些遗传单元会被独立分配到不同后代的个体中去。更确切地说，两个杂交个体的性状会在后代的个体中独立重现，这一现象可以用生殖质中的独立单元理论解释。

这些性状为基因论提供了数据，而这些性状和它所涉及的假定基因又参与了胚胎细胞发育的全部过程。这里所阐述的基因论，并没有说明基因与其最终产物或性状之间的连接方式。但这方面信息的缺失，并不意味着胚胎发育的过程与遗传学无关。了解基因对发育中的个体产生影响的方式，无疑将极大地拓宽我们对遗传学方面的认识，也可能会使许多目前尚不清楚的现象变得更加清楚。但事实仍然是，目前在不涉及基因影响发育过程的情况下，基因论同样可以解释基因在连续几代个体中的性状分布。

然而，以上陈述有一项基本假设，即发育过程严格遵循因果定律。一旦基因发生改变，个体就会在之后的发育中受到影响。这个改变的基因，会在个体以后的发育阶段影响一个或多个性状。由此看来，基因论不必去解释基因和性状之间因果关系的实质，也能证明其正确性。而那些关于基因论不必要的批评，是源于没有清楚地认识这一关系。

例如，有人说，即使假定生殖质内有看不见的单元，但这实际上什么也解释不了，因为这一假定想要解释的那些特性，都归属于这些单元。然而事实上，我们所能知道的归属于基因的特征，仅仅是个体提供的数据所给出的特性。这种批评之所以能像其他同类的批评一样得以出现，是因为批评者将遗传学问题和发育问题混为一谈了。

基因论再次受到不公正的批评，是基于有机体[1]是一种理化机制的观

---

〔1〕有机体：具有生命的个体的统称，包括一切植物和动物。最低等至原始的单细胞生物，最高等至复杂的人体。

点，然而基因论却未能解释其中所涉及的机制。但是基因论所作的唯一假定，即基因的相对稳定性、基因自我繁殖的特性、基因的结合及其在生殖细胞成熟时的分离，表明该假定与理化原理并不矛盾。虽然这些事件所涉及的理化过程确实不能明确说明，但它们至少与我们所熟悉的生物现象有关。

对孟德尔理论的批评，一部分原因是没有理解该理论所依据的证据，另一部分原因是没有认识到该理论的形成过程与过去其他关于遗传和发育的粒子理论的形成过程是不同的。关于粒子的假说有很多，所以生物学家根据自己的经验，对不可见的粒子的任何假说都多少有些怀疑了。现在如果对先前提出的那些假说做一个简短的考察，可能会有助于阐明新假说和旧假说之间的区别[1]。

斯宾塞（H. Spencer，1820—1903）[2]在1863年提出了生理单元理论，认为每一种动物或植物都是由基本单元组成的，而这些基本单元在每一个物种中都是相同的。这些单元比蛋白质分子大，结构更复杂。斯宾塞提出这一观点的一个原因是，在某些条件下，有机体的任意一部分都可能会再次复制出有机体。卵子和精子都是整体的碎片。每个个体形态的多样性，都模糊地被认为是身体不同部位中的要素的"极性[3]"或某种类似晶状的排列所造成的。

斯宾塞的理论纯属臆测。它所依据的证据是，一个部分或许会产生一个同样的新整体，并由此推测出，有机体的所有部分都包含着可以发育出一个新整体的物质。虽然这一猜测在某种程度上是正确的，但这并不意味着整体必须由一个单元组成。我们现在对于由一个部分发展到一个新的整体的能力

---

〔1〕德拉热的遗传学和魏斯曼的种质假说（指多细胞生物体可以截然区分为种质和体质两部分，前者是亲代传递给后代的遗传物质，后者则可以通过生长发育形成个体的各种器官和组织），对以前的各种学说都做了细致的讨论。

〔2〕斯宾塞：英国哲学家、社会学家、教育家，先于达尔文在理论上对进化论进行过阐述。

〔3〕极性：物体在相反部位或方向表现出相反的固有性质或力量。

的解释，必须假定每一个这样的部分都包含着一个新整体的诸多要素，但这些要素可能彼此不同，而个体的多样性也正由此而来。只要存在一组完整的单元，就有可能产生一个新的整体。

1868年，查尔斯·达尔文（Charles Darwin, 1809—1882）[1] 提出了"泛生论[2]"，他假定存在大量各不相同的不可视粒子。他的理论表明，名为"微芽[3]"的代表性要素，被身体各部分不断释放出去；而那些到达生殖细胞里的代表性要素，与现有的同种遗传单元一起，参与了生殖细胞的组成。

"泛生论"主要解释了生物所获得的性状是如何传递的。如果祖体（祖代的躯体）的特种变化传递至后代，就用得着这一理论；如果未传递至后代，那么就用不着这一理论。

1883年，魏斯曼（A. Weismann, 1834—1914）[4] 对"泛生论"的传递理论发起挑战，他认为获得性性状的遗传证据是不够充分的。当时，虽有多数生物学家赞同魏斯曼的这一观点，但并非所有科学家都赞同。由此，魏斯曼提出了自己的理论，即生殖质独立论：卵细胞不仅产生了一个新个体，而且也产生了与这一卵细胞相类的其他卵细胞，这些卵细胞寄生于新个体的内

---

〔1〕查尔斯·达尔文：英国生物学家，进化论的奠基人，曾乘坐贝格尔号舰环球航行，历时5年，对动植物和地质结构等做了大量的观察和踏勘，出版有《物种起源》，提出生物进化论学说。恩格斯将"进化论"列为19世纪自然科学的三大发现之一（其他两个是细胞学说、能量守恒转化定律）。

〔2〕泛生论：达尔文晚年所提出的用来说明获得性性状遗传的一个理论。他认为，生物体各部分的细胞都带有特定的自性繁殖的粒子，称为"微芽"或"泛子"。这种粒子可由各系集中于生殖细胞，并传递给子代，使它们呈现亲代的特征。环境的改变可使"微芽"或"泛子"的性质发生变化，因而亲代的获得性性状可传给子代。但"微芽"或"泛子"的存在，尚未得到科学上的证明。

〔3〕微芽：生物中可自性繁殖的粒子。

〔4〕魏斯曼：德国动物学家，曾于1883年提出有名的"种质论"。种质论主张生物体由本质上根本相异的两部分——种质和体质组成。种质负责生命的遗传和种族的延续。种质是独立的、永恒的、连续的。而体质仅滋养个体，是由种质派生的，随个体死亡而消亡，因而是临时性的、不连续的。

部。卵细胞会产生新个体，但新个体不会影响卵细胞内所含有的种质[1]，它们只会保护和滋养卵细胞。

魏斯曼由此发展了代表性要素的粒子遗传理论。他借用变异方面的证据，拓展自己的理论，对胚胎发育做出了纯粹形式上的解释。

首先，我们注意到，魏斯曼对于被自己称为"遗子[2]"的遗传物质的性质，是有所看法的。在他的后期著作里，当大量小染色体出现时，他就把这些小染色体当作遗子。但当只有些许染色体时，他便作出假设：每条染色体是由几个或者多个遗子组成的。每个遗子都包含了单个个体发育所需的全部要素。每个遗子都是一个微观世界。因为遗子代表着不同的祖代个体或种质，这些遗子也有所不同。

动物所表现出的个体变异，是因为遗子的组合方式的不同。而遗子的组合，是卵细胞和精子结合的结果。如若不是因为遗子的数量在生殖质成熟时减少一半的话，那么遗子的数量便会无限增加了。

魏斯曼还提出了一个周密的关于胚胎发育的理论。这一理论的依据是：当卵细胞分裂时，遗子也会分解成更小的单元，直至身体的每一个细胞都含有遗子分裂到最后的最小单元为止。这一单元，被称为定子。但在会变成生殖细胞的细胞内，遗子不会分解，因此，才有了生殖质和遗子群的连续性。魏斯曼胚胎发育理论的应用，超出了现代遗传理论的范围。现代遗传理论要么忽视发育过程，要么假定出一个与魏斯曼的观点截然相反的见解，即认为

---

〔1〕种质：又称生殖质，是生物体亲代传递给子代的可遗传物质，它往往存在于特定品种之中。

〔2〕魏斯曼认为染色质是由存在于细胞核中的许多遗子集合而成的遗子团。遗子中又含有许多的粒状物质，称为定子。定子还可再分为更小的单位——生源子，后者是生命体的最小单位。随着个体发育，各个定子渐次分散到适当的细胞中，最后使每个细胞都含一个定子。生源子能穿过核膜进入细胞质，使定子处于活跃状态，从而确定该细胞的分化。

身体的每一个细胞都含有完整的遗传复合体。

由此可见，魏斯曼为了解释变异所提出的巧妙推测，引证了一些和我们今天所接受的同类的过程。他相信，后代的变异是源于祖代遗传单元的重新组合。在卵细胞和精细胞成熟的过程中，单元数会减少一半。这些单元，各自为一个整体，各自代表了祖代的一个阶段。

在很大程度上，我们将种质的分离和连续这一观点归功于魏斯曼。很长一段时间以来，获得性遗传[1]理论的所有问题点都相当模糊。魏斯曼的这一观点，是对让-巴蒂斯特·拉马克（Jean-Baptiste Lamark, 1744—1829）[2]学说的抨击，对思想的澄清是一个巨大贡献。魏斯曼的著作，对于证明遗传和细胞学的密切关系，同样也有着毋庸置疑的重要性。目前，我们从染色体的结构和行为方面去探究遗传学，究竟在多大程度上受到魏斯曼卓越思想的影响是很难估计的。

魏斯曼的这些推测，以及他早期的另外一些推测，如今仅具历史意义，不足以代表现代基因理论的主要发展脉络。因为现代基因论成立的关键，在于它所凭借的方法，以及它能预测出精确数字的能力。

我冒昧地认为，现代基因理论不管与旧理论如何相似，两者也是截然不同的。因为现代基因理论是根据实验遗传学证据一步一步地推演而来的，而证据本身，也处处受到严格控制。当然，基因论不必，也不会自认为是最终版本。毫无疑问，它会往新的方向上多加改进，但就目前我们所研究的遗传事实，大多可以从现有的理论得到解释。

---

〔1〕获得性遗传："后天获得性状遗传"的简称，指生物在个体生活过程中，受外界条件的影响，产生带有适应意义和一定方向的性状变化，且能够将其遗传给后代的现象。这一理论由法国进化论者拉马克于19世纪提出，强调外界条件是生物发生变异的主要原因，并对生物进化有巨大的推动作用。
〔2〕让-巴蒂斯特·拉马克：法国生物学家、博物学家、分类学家，最先提出生物进化的学说，著有《法国全境植物志》《无脊椎动物的系统》《动物学哲学》等。

第三章　遗传机制

　　细胞学家对染色体的解释，在某种程度上满足了遗传学的要求。当我们回顾这一事实时，即大量所得证据都是在孟德尔论文之前发现的，且这些证据当中没有一项研究带有遗传学的成见，加之这些都与遗传学家所做工作没有关系，与其说这些关系仅仅是巧合，还不如说是细胞学家已然发现遗传机制的很多重要部分：遗传物质根据孟德尔的两条定律分配，且同源染色体之间以一定的秩序发生交换。

第一章末所得出的基因论，是我们通过纯粹的数据推演来的，并没有考虑到在动物或植物体内是否有任何已知或是假定的变化，能按照拟定的方式以促成基因的分布。无论基因论在这方面如何令人满意，基因的重新分配[1]在生物体内是如何有序发生的，依然会是生物学家们研究的一个着力点。

从19世纪末到20世纪初，在研究卵细胞和精细胞成熟期[2]所出现的变化时，我们发现这些变化揭示了一系列重要的事实，为进一步说明遗传机制作出了贡献。

据说，在生物体的体细胞和早期的生殖细胞里，都出现了双组染色体。这一双重性[3]证据，是从对不同大小的染色体的观察得来的。不论染色体何时出现可辨别的差异，我们都会看到，每一类染色体在体细胞内总是有两条，而在成熟的生殖细胞内只有一条；且在体细胞内的某类两条染色体中，一条来自父方，另一条来自母方。目前，染色体群的双重性，是细胞学所公认的事实之一。只有性染色体才会出现唯一明显的例外，即只有一条。但有时，雌性或雄性的某一方，仍会保持双重性；雌性和雄性都具有双重性的情况，也往往有之。

---

〔1〕基因的重新分配，即基因重组。基因重组指的是在生物体进行有性生殖的过程中，控制不同性状的基因重新组合，也是指一个基因的DNA序列是由两个或两个以上的亲本DNA组合起来的。

〔2〕精细胞和卵细胞都属于生殖细胞。在精子和卵子的产生过程中有一个共同特点，即在成熟期进行减数分裂。减数分裂是有性生殖的生物在形成性细胞过程中的一种特殊的有丝分裂形式，它由两次连续的细胞分裂完成。在两次连续的细胞分裂中，染色体只复制一次。在分裂结束时所形成的4个子细胞中，染色体的数目只有原来母细胞的一半。

〔3〕从染色体复制之后到浓缩为染色质的这段时间，姐妹染色单体通过着丝点连接在一起，然而，它还是被认为是一条染色体，只不过有两条染色体单体，这就是双重性。因为在细线期染色体很细，所以看不出差别来。

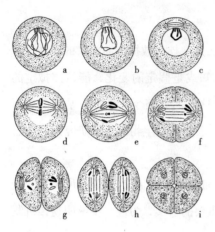

□ 图21

精细胞的两次成熟分裂[1]。假定每个细胞含三组染色体,黑色代表来自父方,白色代表来自母方(a、b、c除外)。第一次成熟分裂是一次减数分裂,如图d、e、f。在第二次分裂或平均分裂中,每组染色体纵向地分裂成两条新的子染色体,如图g、h、i。

孟德尔两条定律的机制

在生殖细胞成熟末期,同样大小的染色体会接合在一起成对出现。这种情况会一直持续到生殖细胞的分裂,每组成对出现的两条染色体会分离开来,分别进入一个细胞。这样一来,每个成熟的生殖细胞就只会含有一组染色体(如图21和图22)。

染色体在成熟时期的表现,与孟德尔第一定律相符。每对染色体中,来自父方的染色体与来自母方的染色体彼此分离,致使生殖细胞只含有每对染色体中的一条。当考虑到染色体都是成对存在时,我们或许会这样说,当生殖细胞成熟时,有一半的生殖细胞只含有每一对染色体中的某一条,另外一半的生殖细胞含有每一对染色体中的另一条。如果用孟德尔的单元概念去替换这里所说的染色体,其表述形式仍然是一样的。

一对染色体中的某一条是源于父方的,另外一条是源于母方的。当这种成对接合的染色体排列在纺锤体[2]上面时,如果来自父方的染色体去向一

----

〔1〕成熟分裂一般指的是减数分裂。减数分裂是有性生殖生物的生殖细胞在成熟过程中发生的特殊分裂方式。在这一过程中,DNA复制一次,细胞连续分裂两次,结果形成4个子细胞的染色体数目只有母细胞的一半,故这一过程被称为减数分裂,又称成熟分裂。减数分裂的结果是形成单倍体(n)配子。减数分裂的全过程分为4个阶段:间期Ⅰ、减数分裂Ⅰ、间期Ⅱ和减数分裂Ⅱ。

〔2〕纺锤体:有丝分裂和减数分裂过程中由微管和微管蛋白构成的呈纺锤状的结构。

极，而来自母方的染色体去向另一极，那么所得的两个生殖细胞，将会分别与父母两方的生殖细胞相同。我们还没有先验的理由去假定，接合染色体会按这一路径行动，而且要证明它们不会按这一路径行动，也是极其困难的。因为从其本质来看，接合染色体在形状和大小上都是极其相似的，要将来自父方的染色体和来自母方的染色体分辨开来，几乎是做不到的。

不过，近几年我们发现，少数蚱蜢的某几对染色体之间，在形状上或依附于纺锤丝的方式上，有细微差异（如图23）。当生殖细胞成熟后，这些染色体先是两两成对接合，然后分离。由于它们保持着各自的差异，所以便于我们追踪它们前往两极的路径。

在这些蚱蜢中，雄蚱蜢存在某条无法组对的染色体，这条染色体

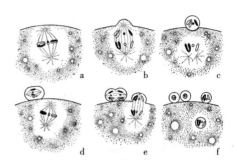

□ **图22**

卵细胞的两次成熟分裂。第一次形成纺锤体，如图a。来自父方和母方的染色体互相分离，如图b。图c已分裂出第一极体[1]。图d已形成第二纺锤体，且每条染色体纵向分裂成两半（均分）。图e中，已分裂出第二极体。图f所示为在卵细胞核中只留下一半的染色体（单倍）。

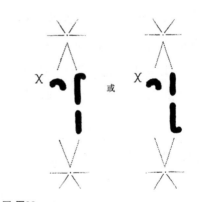

□ 图23

X染色体与一组常染色体中的任意一条是随机自由组合的。

---

〔1〕极体：在卵细胞发生过程中，减数分裂所产生的不能发育成有功能卵细胞的单倍体小细胞。当第一次成熟分裂时，形成一个大的次级卵母细胞和一个小的第一极体；当第二次成熟分裂时，同样产生一个小的第二极体。第一极体通常分裂形成两个极体。初形成的极体位于卵细胞的动物极，极体内细胞质较少，缺乏营养物质，很快退化消失，从而保证卵细胞内有大量胞质做贮备，以供早期胚胎发育的需要。

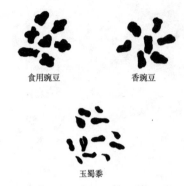

食用豌豆

香豌豆

玉蜀黍

□ 图24

　　减数分裂后的染色体数值。食用豌豆的单倍数=7；香豌豆的单倍数=7；印第安玉蜀黍的单倍数=10或12。

与蚱蜢性别的决定有关（如图23）。当细胞成熟分裂时，这条无法组对的染色体会去向纺锤体的任意一极，且会成为其他成对染色体行动方向的"地标"。卡罗瑟斯（Carothers）女士是第一个观察到这一现象的人。她发现一曲一直的一对染色体，根据每一条染色体和性染色体的关系来看，这两条染色体分别去往哪一极是随机的。

　　继续深究，我们发现其他几对染色体中也出现了一些差异。研究这些成对染色体在成熟时的行动，我们再次发现，一对染色体分离后去往两极中的哪一极，同其他成对染色体的分布没有关系。从这里，我们得到了成对染色体分开后会与其他对染色体自由组合的客观证据。这一证据，也与孟德尔第二定律相符，该定律认为不同连锁群的基因是自由分配的。

基因连锁群数目和成对染色体数目

　　遗传学表明，遗传要素是以连锁成群的方式而存在的。而且我们已发现的一个确切物种的例子表明，存在一定数目的基因连锁群，且其他物种的例子也存在一定数目的成群遗传要素。在果蝇中，只有4群连锁性状[1]和4对染色体。香豌豆有7对染色体（如图24），而且庞尼特发现香豌豆可能存在7对

---

　　[1]连锁性状：由连锁染色体上的基因控制的性状。

孟德尔式性状[1]。据怀特（White）所说，食用豌豆同样也有7对染色体（如图24）和7对孟德尔式性状，印第安玉蜀黍有10或12对染色体，且发现了同样数目的基因连锁群。金鱼草有16对染色体，且独立的基因连锁群数量接近于染色体的对数。关于其他动植物的基因连锁群也有过研究，但其数量总是远远少于染色体对数。

至今，还未出现进一步的证据表明，存在这样一种情况，即自由组合的基因连锁群数目多于染色体对数。这一事实本身，也是支持基因连锁群数目与染色体对数相同这一观点的另一条证据。

染色体的完整性和连续性

染色体的完整性，或者前后世代间的连续性[2]，对于染色体理论来说是很重要的。细胞学家公认，当染色体自由地置于细胞质[3]内时，它在细胞分裂的整个过程中依旧会保持完整性；但当染色体吸收液汁且与其他物质结合形成静止核时，我们就不可能再去追溯其踪迹了。然而，通过间接的方式，我们可以找到一些证据，得出静止核时期染色体的情况。

细胞分裂后，染色体会化为液泡，随后组成一个新的静止核。其间，液泡会形成新核内分隔开的各个小泡，这时染色体还能被追踪到。之后，染色体会失去着色性能，使得我们无法直接追踪到它们。而当染色体再一次重现

---

〔1〕孟德尔式性状：基因在传递给后代时进行基因分离，而后进行基因重组，最后在环境中表现为同一母体的后代产生出不同的性状，最著名的例子是孟德尔的豌豆实验。

〔2〕染色体连续学说是细胞遗传学上的一种理论。该理论认为，细胞在累代相传中，其染色体保持遗传的稳定性和连续性。染色体是基因的载体，基因在染色体上呈直线排列，每个基因的相对位置固定不变。

〔3〕细胞质：细胞中包含在细胞膜内的内容物。在真核细胞中指细胞膜以内、核以外的部分。其内含细胞器和细胞骨架等组分。

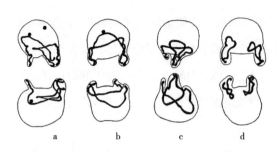

□ 图25

　　马蛔虫四组姐妹细胞（上头和下头）的细胞核内，子染色体在静止核内出现的位置。

时，我们会看到囊状的小体。这些证据，即使不够明显，至少也提示了染色体在静止核时期内一直处于原来的位置。

　　鲍维里（T. H. Boveri, 1862—1915）[1]的研究表明，当马蛔虫的卵细胞分裂时，每一对染色体中的两条子染色体都会以同样的方式分离开，而且经常能看见其特殊的形状特征（如图25）。而在这些子细胞的下一次分裂中，即当子细胞的染色体即将重现时，染色体在子细胞内的排列是十分相似的。结论显而易见：这些染色体，仍会以当初进入静止核时的形状停留在静止核内。这一证据支撑了如下观点：染色体没有在化成液体后再度成形，而是一直保留着原本的完整性。

　　最后，我们发现了另外几种情况：染色体数目存在差异的同种生物杂交，或染色体数目截然不同的两种生物杂交，会引起染色体数量的增加；每类染色体的数目可达到三条或四条，而且在后面连续的分裂中，染色体维持相同的数量（每类染色体的数目保持为三条或四条）。

　　总体说来，即使细胞学证据并没有完全证明"染色体在细胞分裂过程中始终保持着完整性"，但就现状而言，这些证据至少是有利于支撑这一观点的。

　　基于上文所说，我们必须加上一条重要的限制：遗传学证据已清楚地表明，在同对的两条染色体中，其若干部分有时会发生有序的交换。那么，是

---

〔1〕鲍维里：德国细胞学家。

否有细胞学证据也表明了这一交换的存在呢？对此，我们将会更深入地
探讨。

交换机制

如果就像前面的证据所清楚表明的那样，染色体真的是基因的承载体，
如果基因所在的染色体，真的会发生同对染色体在片段上的基因交换，那
么，我们迟早会发现这些交换是以何种机制发生的。

多年以前，当遗传学尚未提出染色体之间会发生交换时，染色体的接合
过程以及染色体在成熟的生殖细胞中数目减半就已被完全证实了。当接合发
生时，缠绕在一起的那两条染色体，就是后面的同源染色体。换句话说，染
色体的接合并非像之前所推断出来的那样是随机的。接合在一起的两条特殊
染色体，总是一条来自父方，另一条来自母方。

现在，我们要加上如下事实：染色体的接合之所以会发生，是因为同
源的两条染色体具有相似性，而不是因为它们分别来自父方和母方。这一观
点，可以在两个方面得到证实。第一，雌雄同体的物种也会发生同样的接
合，在自体受精之后，其一对染色体中的两条都来自同一个体。第二，在个
别案例中，同对的两条染色体都来自同一卵子，但既然交换已然发生，我们
就可以假定它们已经接合过了。

染色体可能发生接合的细胞学证据，为阐明交换机制做了第一步的铺
垫。因为很明显，如果同源染色体中的两条染色体整齐排列于两侧，就像基
因的排列那样，那么染色体的对应片段就极有可能发生有序的交换。当然，
也不能因此就说，它们能发生交换，是因为同源的两条染色体整齐地相对排
列。事实上，根据对连锁基因群内的交换研究，例如果蝇的性连锁基因群
（在此实验中存在大量基因，为基因的交换提供了全面证据），可知卵细胞内同源

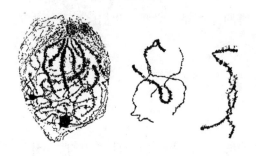

□ **图26**

  Batrachoseps中染色体的接合。中间的图表明，两条染色体中有一条是以两条细丝互相缠绕而成的。

的两条染色体之间约43.5%绝无交换，约43%有一处交换，约13%有两处交换（双交换），约0.5%有三处交换，而雄性果蝇完全不发生交换。

  1909年，简森斯（F. A. Janssens）详细地解释了他所提出的交叉型学说[1]。先不提简森斯所提出的理论细节，仅他所提出的证据就可以证明在接合的同源染色体中的两条染色体之间，小块或片段地发生了交换，而这一交换可以追溯到早期这两条成对染色体缠绕在一起的时候（如图26）。

  可惜，没有任何一个阶段能像成熟分裂期那样引起如此多的争论，因为此时染色体会彼此缠绕。就事件性质而言，这几乎是不可能去求证的。即使我们承认染色体会缠绕在一起，但实际上这也不能证明缠绕在一起的两条染色体会发生遗传证据所要求的那种交换作用。

  我们已发表了很多有关染色体互相缠绕的图表，但在有些方面，这些证据是难以令人信服的。例如，我们可以看到，出现同源染色体间明显缠绕的时期，也就是我们最熟悉和最明确的时期，此时接合成对的染色体会缩短准备进入纺锤体赤道面[2]的时间（如图27）。在这一时期，关于缠绕我们通常

---

  〔1〕交叉型学说：主张细胞学上所看到的交叉是遗传学上的交换结果的一种学说。交叉型学说最初由简森斯提出。据说它对摩尔根染色体图的制作有过很大影响。此后达林顿（C. D. Darlington）又据此将其发展为所谓的新交叉型学说。

  〔2〕赤道面：细胞有丝分裂或减数分裂中期染色体排列所处的平面，即纺锤体中部垂直于两极连线的平面。在细胞有丝分裂中期，一直分散在纺锤体内微动的染色体逐渐聚集在赤道面上，各着丝粒排列在这个平面上而形成赤道面。

的解释是，这两条接合并缩短
的染色体在某一方面有着一定
的联系。在这些图表中，并没
有证据显示这种缠绕引起了交
换。虽然其中有些例子也可能
表明，两条染色体彼此间的线
性缠绕可能在早期就已形成，
但持续的缠绕便可表明交换并
未发生，因为当交换发生时，
两条缠绕在一起的染色体会解
除缠绕。

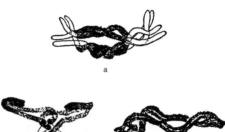

□ **图27**

Batrachoseps细胞的粗丝状染色体，处于其互相缠绕
的晚期，正逢染色体进入纺锤体之前的第一次成熟分裂
时期。

如果再研究一下分裂早期的图示，我们会发现大量图表中互相缠绕在一起的是细丝（细线期）[1]（如图28），但细丝这一解释还存在很多疑点。实际上，我们要确定在如此纤细的细丝上，缠绕的接头点哪一个是上端哪一个是下端，是极其困难的。加之，细丝只能在凝固状态下染色后才能用显微镜加以观察研究，这更加大了观察上的难度。

其实最能证实细丝缠绕的，是那些始于某一端（或是始于两条弯曲染色体末端），然后朝另外一端（或者是朝向弯曲染色体的中部）发生接合的切片（染色体片段）。（两栖类）Batrachoseps精细胞的切片图或许可以作为缠绕的证据（如图26），但Tomopteries的图示几乎或完全同样良好地给出了说明。三肠涡虫的卵细胞图同样令人信服（如图28）。至少这些图表中有部分给我们留下这样的印象：这些缠绕在一起的线条有一次或多次重叠。但这还不足以证

---

〔1〕细丝出现于第一次减数分裂前期。根据染色体的形态，前期可以分为五个阶段：细线期、偶线期、粗线期、双线期、终变期。

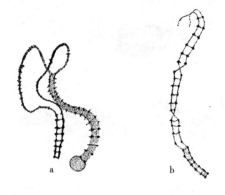

□ 图28

　　三肠涡虫的一对接合的染色体。a图中，两条细丝彼此靠拢；b图中，两条接合的细丝在两个平面相交。

明，染色体还有除在确定平面上交叉之外的其他关系。此外，这也不能证实这些染色体重叠的地方一定存在交换。然而，接下来我们不得不承认的是，细胞学方面也未能证实交换的发生。从情况的实质性来看，要证实染色体之间发生交换也是相当困难的。尽管如此，在很多物种中，有一些我们已知染色体接合的位置，很有可能会让人假定发生了交换。

　　因此，细胞学家对染色体的解释，在某种程度上满足了遗传学的要求。当我们回顾这一事实时，即大量所得证据都是在孟德尔论文之前发现的，且这些证据当中没有一项研究带有遗传学的成见，加之这些都与遗传学家所做工作没有关系，与其说这些关系仅仅是巧合，还不如说是细胞学家已然发现遗传机制的很多重要部分：遗传物质根据孟德尔的两条定律分配，且同源染色体之间以一定的秩序发生交换。

第四章　染色体与基因

关于染色体在遗传中的重大意义，最完整、最具说服力的证据可能源于最近的遗传学研究。这些研究涉及染色体数目的变化对遗传因子的特定影响，而正是这些染色体所携带的遗传因子，使我们得以辨认出它们的存在。

　　染色体通过一系列的行动为遗传理论提供证据，同样，我们在其他方面也搜集到了一些证据，来支持染色体上带有遗传要素或者基因这一观点。而且，这些证据越来越充分。证据来自几个方面。最早的证据，来自对雌雄双方均等遗传的发现。从原则上来说，雄性动物通常只贡献精子的头部，里面包含了几乎所有由染色体聚集而成的细胞核[1]。尽管来自雌性动物的卵细胞贡献了未来胚胎几乎所有可见的细胞质，但是，除了发育的起始阶段取决于雌性染色体的卵子原生质外，卵子在动物的发育过程中并无影响优势。尽管卵细胞的这一影响是最原始的，但这又可完全归于其自身染色体的作用。在随后的发育阶段和成年阶段，雌性的影响却不占优势。

　　来自父母双方（前文的雄性和雌性）的证据本身，并不具备强说服力，因为存在我们在显微镜下观察不到的要素。所以，这或许可以证明精子对后期胚胎的贡献除了它的染色体外，还可能有其他物质。实际上，近年来我们已证实精子可以把可见的细胞质要素——中心体[2]带入卵细胞。但我们还没有证实中心体对个体的发育过程有任何独特的影响。

　　染色体的重要性还体现在以下方面。当两个（或更多）精子同时进入卵细胞时，由此所得的三组染色体在卵细胞第一次分裂时呈不规则分布。这样，便形成了四个细胞，而不是像正常发育时那样形成两个细胞。若对这类卵细胞做详细研究，并对分裂所得的四个细胞的发育情况分别加以研究，则

---

　　〔1〕细胞核：真核细胞（真核细胞是指含有被核膜包围的核的细胞）内最大、最重要的细胞结构，是细胞遗传与代谢的调控中心，是真核细胞区别于原核细胞最显著的标志之一，它主要由核膜、染色质、核仁、核基质等组成。
　　〔2〕中心体：动物细胞中一种重要的细胞器。它是细胞分裂时内部活动的中心。动物细胞和某些低等植物细胞中有中心体。它总是位于细胞核附近的细胞质中，接近于细胞的中心，因此叫中心体。在电子显微镜下可以看到，每个中心体含有两个中心粒，这两个中心粒相互垂直排列。中心体与细胞的有丝分裂有关。

可以得出结论：如果没有一套完整的染色体存在，细胞就不能正常发育。至少这是对该结果最合理的解释。但在这些例子中，我们并未对染色体作标记，所以，所得证据最多不过是创设一种假说：细胞中至少应存在一整组染色体。

近来，其他方面的证据佐证了这一解释。例如，已知只有一组染色体的生物（单倍体）也能发育成和正常二倍体大致相同的个体，只是这种单倍体没有正常二倍体那么健壮。这个差异，可能取决于染色体之外的因素，但就目前的情形看来，这样的假说仍旧成立，即有两组染色体的生物要优于只有一组染色体的生物。在苔藓植物的生命历程中，存在着单倍体阶段，如果这时通过人工方式将其从单倍体转换成二倍体（有两组染色体），它也不会展现出任何优势。另外，人工地将染色体的组数加倍后，所得的四倍体生物是否优于普通二倍体，也还没有得到证实。因此，显而易见的是，当涉及一组、二组、三组、四组染色体优劣时，我们必须谨慎对待，尤其是当发育机制已适应了一定的染色体组数时，增加或减少正常的染色体组数，会突然造成一种不自然的状态。

关于染色体在遗传中的重大意义，最完整、最具说服力的证据可能源于最近的遗传学研究。这些研究涉及染色体数目的变化对遗传因子的特定影响，而正是这些染色体都携带遗传因子，使我们得以辨认出它们的存在。

此类证据来自果蝇的第四染色体（染色体-Ⅳ型）[1]中一条微小染色体的缺失或增加。用遗传学方法和细胞学方法都可以证明，果蝇的生殖细胞（卵子或精子）有时会遗失一条第四染色体。如果一个缺失该染色体的卵子，同正常的精子结合，受精卵中只含有一条第四染色体，等它发育成一只果蝇（单

---

[1]只含一条第四染色体的简称为单体-Ⅳ型，含三条第四染色体的简称为三体-Ⅳ型。

体-IV型，即第四条染色体呈现单数）之后，它躯体的很多部分和其他正常果蝇的会略有不同（如图29）。

结果显示，当一条第四染色体出现缺失时，即使另外一条染色体还存在，也会出现特定的效应。

在第四染色体上有三个突变基因，分别是无眼、弯翅和剃毛（如图30）。这三个基因都是隐性的。如果让单体-IV型雌果蝇与有着两条第四染色体（每个成熟精细胞都含有一条第四染色体）的正常无眼雄果蝇交配，那么在孵化出的子一代中存在无眼果蝇。如果检查那些不能孵化的虫蛹，可以发现更多的无眼果蝇（还未孵化）。这些无眼果蝇是由第

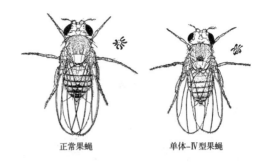

正常果蝇　　　　　单体-IV型果蝇

□ 图29

黑腹果蝇的正常型和单体-IV型。它们各自的染色体组如图右上角所示。

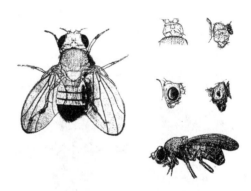

□ 图30

黑腹果蝇第四基因连锁群的性状。左侧大图为弯翅；右侧上方的四幅图为四种无眼，其中一个为背面图，另外三个为侧面图；右下为剃毛。

四染色体缺失的雌蝇卵细胞和第四染色体正常的雄蝇精细胞结合而得，而雄蝇精细胞的第四染色体上含无眼基因。子一代中本该有一半是无眼果蝇（如图31），但大多数无眼果蝇都未熬过虫蛹阶段，可见无眼基因自身会使个体虚弱，加之缺失一条第四染色体，所以只有极少数果蝇能够活下来。不过，子一代中这些含有隐性无眼基因的果蝇的出现，却证实了这一解释：第四染色

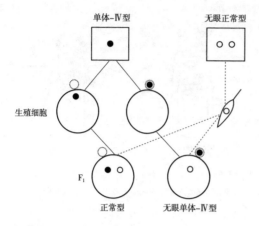

生殖细胞

F_1

正常型   无眼单体-Ⅳ型

□ **图31**

　　正常眼单体-Ⅳ型果蝇与含两条第四染色体（各携带一个无眼基因）的无眼果蝇的交配情况。携带无眼基因的第四染色体在此用小白圈表示，携带正常眼基因的第四染色体用小黑圈表示。

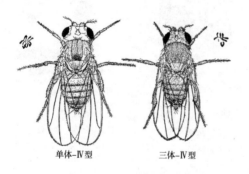

单体-Ⅳ型   三体-Ⅳ型

□ **图32**

　　单体-Ⅳ型黑腹果蝇和三体-Ⅳ型黑腹果蝇。左上角和右上角分别是各自的染色体组。

体携带无眼基因。

　　对弯翅和剃毛两种突变基因做类似的实验，也能得出相同的结果，但杂交子一代中孵出的带隐性性状的果蝇所占比例更少，这表明弯翅和剃毛这两种突变基因对果蝇的弱化更胜于无眼基因。

　　有时，也会出现有三条第四染色体的果蝇。它们被称为"三体第四染色体"果蝇，即三体-Ⅳ型果蝇（如图32）。这种果蝇，可能在一种或多种甚至全部性状上与野生型果蝇不同。三体第四染色体果蝇眼睛更小，躯体更黑，翅膀也更窄。如果将三体-Ⅳ型果蝇和无眼果蝇交配，将会得到两种类型的后代（如图33），其中，一半为三体-Ⅳ型，另一半为正常染色体型。

　　现在，如果将子一代三体-Ⅳ型果蝇回交无眼果蝇（原种），预计所得野生型果蝇和无眼果蝇的比例是5∶1（如图33），而不会像正常杂合个体回交其隐性型时那样按照1∶1的比例产生后代。图33所示为生殖细胞的重新结合，预计野生型与无眼型的比例

为5：1。实际所得的无眼型果
蝇的比列，与预期大致相符。

以上实验和其他同类实验
显示，遗传学的研究结果与我
们所知道的第四染色体的历史
处处相符。没有任何熟悉这一
证据的人，对该染色体上存在
某些成分与观察结果密切相关
这一点，提出过丝毫质疑。

同样有证据表明，性染
色体是特定基因的携带者。据
说，果蝇有超过200种性状的遗
传都是性连锁性状。性连锁性
状只是意味着，控制这些性状
的基因是由性染色体携带的，
而不是说这一类性状只限于雄
性或者雌性。由于雄性体内的

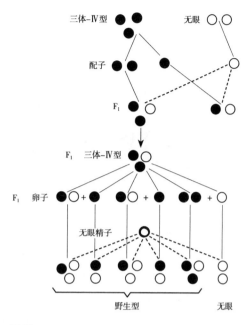

□ **图33**

　有眼三体-IV型果蝇与纯种无眼正常果蝇的杂交情
况。图示的下半部分是，子一代的三体-IV型（其配子用
子一代的卵细胞表示）与无眼正常型（其含无眼基因的精
细胞用白圈表示）杂交，所得子二代中野生型与无眼型的
比例为5：1。

两条性染色体（X和Y）不同，所以，基因在X染色体中的性状自然就和其他性
状不同。有证据表明，果蝇的Y染色体中没有任何基因能抑制X染色体中的隐
性性状。因此，我们猜测雄性生殖细胞内的Y染色体，除了在成熟时参与精
细胞减数分裂，与X染色体接合之外，是别无他用的。果蝇连锁性状的遗传
模式，已在第一章阐述清楚了（如图11，图12，图13，图14）。与性染色体有
关的传递方式，会在图38中展现出来。后来的实验表明，这些性状是遵循这
条染色体的分布而分布的。

　　有时，性染色体也会有"错误行动"，这使我们有机会对性连锁遗传上

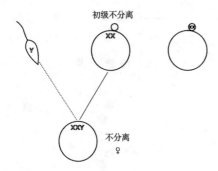

□ **图34**

XX卵子和Y精子结合，产生了一个不分离的XXY卵细胞性。

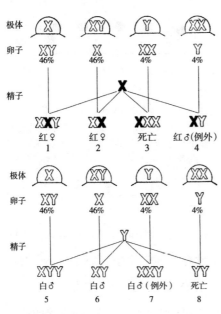

□ **图35**

X染色体上携带白眼基因的XXY型卵细胞和携带红眼基因的精细胞的结合情况。上半图显示细胞通过分裂有可能得到的四种卵细胞和X染色体携带红眼基因的精细胞结合的过程，下半图显示同样的四种卵细胞和含Y染色体的精细胞结合的过程。

所发生的变化加以研究。最常见的小失误是，雌性生殖细胞中的两条X染色体在成熟期未能分离开来。这一小失误被称为"不分离"。这样一个卵细胞保留了两条X染色体和其他组染色体中的各一条。如果它与一条Y染色体接合，便会得出有着两条X染色体和一条Y染色体的雌性个体。当这个有着XXY染色体的卵细胞成熟即染色体发生减数分裂时，两条X染色体和一条Y染色体就会出现一些不规则的分布（如图35）：两条X染色体会接合在一起（去向两极中的任一极），使得Y染色体独自去向另一极；或者一条X染色体和一条Y染色体接合在一起，剩下一条X染色体自由移动。三条染色体聚集到一起，然后分离，其中任意接合的两条将移动到成熟分裂中的纺锤体的一极，剩下的一条将去往相反的一极，也是可能的。不管三者怎样分裂、接合，再去往两极，结果都是一样的，预计会产生四种卵细胞，如图35

所示。

　　为了检测遗传上的各种改变，不管是雌性还是雄性，其X染色体上必须携带一个或多个隐性基因。例如，雌性果蝇的两条X染色体各有一个白眼基因，而雄性果蝇的X染色体上带有一个红眼的等位基因，如果带白眼基因的雌蝇X染色体用空心体X表示，而带红眼基因的雄蝇X染色体用黑体X表示（如图35），那么结果便可能会得出图示

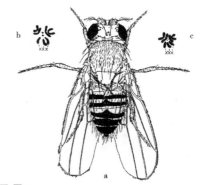

□ **图36**

　　含有三条X染色体的雌蝇（如a）；携带三条X染色体和其他染色体（常染色体）各两条（如b、c所示）。

中的几种组合。在8种个体中，YY型不能存活，因为其不含X染色体，而实际上，这种组合的个体也从未出现过。当正常的带XX染色体的白眼雌蝇和正常的红眼雄蝇交配时，第四类个体和第七类个体是绝对不会出现的，但在这个实验中却出现了，因为这里的母本是一个染色体为XXY的白眼雌蝇。这得到了遗传学证据的验证，它们与这里的图示所给出的公式是相符的。此外，通过细胞学检测，第五类个体的细胞被证实含有两条X染色体和一条Y染色体。

　　此外，预计还有一类含有三条X染色体的雌性果蝇是不能存活的，在大多数情况下的确如此，但偶尔也有零星几只能存活下来。它们有着自身的独特性，因而很容易被识别。这类雌蝇行动迟缓，翅膀短小、不规则（如图36），而且不能繁殖后代。在显微镜下，我们可以看到它的细胞中有三条X染色体。

　　以上证据表明，X染色体携带性连锁基因的理论是正确的。

　　X染色体的另一例反常状态，也支持上述结论。有这样一类雌蝇，只有

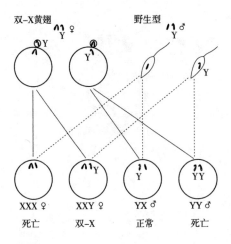

双–X黄翅　　　　野生型

XXX♀　　XXY♀　　YX♂　　YY♂
死亡　　　双–X　　　正常　　　死亡

□ **图37**

　　两条X染色体互相附着的黄翅雌蝇所产的两种卵细胞和野生型雄蝇的精细胞的结合过程。在此双X染色体的雌蝇中，存有Y染色体。雌蝇卵细胞减数分裂后，形成了两种卵细胞。这些卵细胞和野生型的两种精细胞结合，所得后代有四种染色体结合。

在假定它的两条X染色体互相附着的情况下，才能解释其遗传行为。在卵细胞的成熟分裂期，两条X染色体都是一起"行动"，例如，它们可以一同留在卵细胞内，也可以一同从卵细胞中排出（如图37）[1]。显微镜下的观察结果证明了这两条X染色体各以一端互相附着的事实，同时也证明了这些雌蝇细胞内各含有一条Y染色体，我们推测这条Y染色体是作为这两条X染色体的配对而存在的。图37给出了这样一种雌蝇的卵细胞在受精时可能出现的结果。巧合的是，附着在一起的

两条X染色体上幸好各自带有一个黄翅隐性基因。当这类雌蝇与正常的野生型灰翅雄果蝇交配时，这两个黄翅基因的存在，使我们可以追踪其X染色体的遗传过程。如图37所示，成熟分裂后应得到两种卵细胞：其中一种卵细胞保留着两条含黄翅基因的染色体，另外一种卵细胞保留了Y染色体。如果这些卵细胞和任意一种雄蝇的精子结合，大概率是和X染色体中含隐性基因的雄蝇的精子结合，之后会产生四种后代，其中有两种不能存活。能生存下来的两种分别是：一种是含XXY染色体的黄翅雌蝇，它和母本的性状相同；一种是含XY染色体的雄蝇，因为它的X染色体来自父本，所以其性连锁性状和

[1]正常情况下的成熟分裂是两条X染色体分开，分别进入两个子细胞。

父本的相同。

　　如果让一只含隐性基因的正常雌蝇和另一种雄蝇交配，那么得出的结果是截然相反的；但如果假设两条X染色体互相附着，那么立马就能理解这一明显的相反结果。每次对含有双X染色体的雌蝇进行检验，都能证明这两条X染色体是互相附着在一起的。

第五章　突变性状的起源

　　进化必须使基因发生改变才能得以进行。然而，我们并不是说进化性的改变和由突变引起的改变是一样的。极有可能的是，野生型基因有其不同的起源。事实上，我们已经接受了这一观点，有时还很热衷于主张它。因此，找出是否存在可以支持这一观点的证据，意义重大。

现代遗传研究与新性状的起源，有着十分密切的联系。事实上，只有当数对用于比较的性状可被追踪时，孟德尔式的遗传研究才有可能继续进行下去[1]。孟德尔在他所使用的商品豌豆中找到了高茎矮茎、黄皮绿皮、圆粒皱粒这三对性状。虽然之后的研究也大量使用了这些材料，但一些最好的研究材料，却是其谱系中起源较为确定的新型性状。

这些新性状大多数是突然出现的，且具备完整的遗传能力，和其原型性状一样稳定。例如，在培养过程中，会突然出现白眼性状的雄果蝇，若让它和普通的红眼雌果蝇交配，所得子一代全

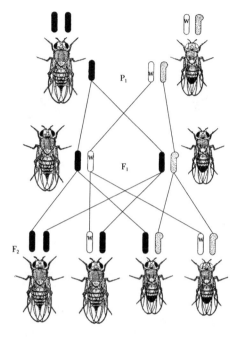

□ **图38**

黑腹果蝇的白眼性连锁遗传。一只白眼雄蝇与一只红眼雌蝇交配。携带红眼基因的X染色体用黑棒表示；携带白眼基因的X染色体用白棒表示；Y染色体用斑点棒表示；在染色体上，白色隐性基因用字母w标出。

为红眼果蝇（如图38）。子一代杂交所得子二代中又会出现红眼和白眼的个体，且所有白眼的个体都是雄蝇。

---

〔1〕研究所考虑的遗传特征必须是等位基因对的表达结果，其中一个基因相对另一个基因呈显性。分离定律指出，体细胞中的基因是成对出现的，而每一个配子只含有每对基因中的一个基因。自由组合定律指出，如果具有一对以上基因，那么每一对基因的分离都与其他各对基因的分离无关。虽然这些定律组成了现代遗传学的基础，但它们并不总是正确的。它们只能适用于那些没有被其他位点上的基因的影响修饰过的基因对或并不在同一个染色体上的基因对。同一染色体上的基因对的分离受交换程度的影响。

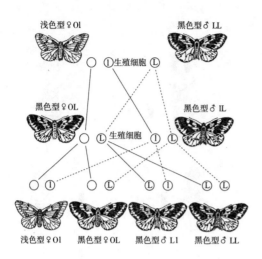

浅色型♀OI   黑色型♂LL

Ⓘ 生殖细胞 Ⓛ

黑色型♀OL   黑色型♂IL

Ⓛ 生殖细胞 Ⓛ

浅色型♀OI   黑色型♀OL   黑色型♂LI   黑色型♂LL

□ **图39**

    浅色型醋栗蛾和黑色型醋栗蛾的杂交。携带黑色基因的性染色体用带L的圆圈表示；携带浅色基因的性染色体用带I的圆圈表示；雌性蛾所独有的W染色体用无字母的圆圈表示。

接下来，将这些子二代白眼雄蝇和同代（子二代）的红眼雌蝇交配，所得后代与子二代中白眼和红眼数量相同，且后代白眼果蝇中，既有雄蝇也有雌蝇。如果这些白眼果蝇自交，所得后代均为纯合子白眼果蝇。

我们根据孟德尔第一定律对这一实验作出解释，即假设在果蝇的生殖质内存在产生红眼和产生白眼的两种要素（或基因），它们是一组相对要素，会在杂合子的卵细胞或者精细胞成熟时分离开来。

值得注意的是，我们所观察到的这一点，并不表明白眼基因单独产生白眼性状。它只表明如果原始物质发生了部分改变，会导致整个物质催生出一种不同的最终产物，即我们所称的新性状。实际上，这一改变不仅影响了眼睛的性状，也影响了躯体的其余部位。红眼果蝇的精巢膜原本是带了点绿色的，但白眼果蝇的精巢膜却呈现为无色；白眼果蝇与同类红眼果蝇相比，行动较为迟缓，而且白眼果蝇的寿命更短。这可能是因为其生殖质内发生了一些变化，这些变化使身体的很多部位受到了影响。

自然界中的醋栗蛾，有些罕见的个体呈现浅色或白色，一般情况下，它们都是雌性。浅色的突变型雌蛾和黑色的野生型雄蛾交配（如图39），所得子一代的性状与黑色野生型的相同。子一代自交所得子二代中有新旧两种类

型的蛾，且浅色蛾与黑色蛾比例
为1：3。子二代个体中浅色蛾全
为雌性。如果将子二代中的浅色
雌蛾与同代雄蛾交配，会得出雄
性和雌性同样多的浅色醋栗蛾，
也会得出雄性和雌性同样多的黑
色醋栗蛾。我们可以从这一代开
始培养浅色醋栗蛾。

□ **图40**
黑腹果蝇的突变性状Lobe^2，眼小而突出。

　　以上两种突变性状相对于野
生型性状表现为隐性性状，但也有另外的突变性状相对于野生型性状表现
为显性性状，譬如，果蝇Lobe^{2}眼的性状特征在于眼的特殊形状和大小（如图
40）。这一性状，起初只是出现在某个果蝇身上。这种性状的果蝇所孵出的
后代中，有半数有此Lobe^{2}眼。在突变型的父方或是母方体内，有一条第二染
色体，一定在某处发生了基因突变。在受精时，含此突变基因的生殖细胞与
一个正常的生殖细胞结合，第一个突变个体由此而来。因此，第一个Lobe^{2}眼
的果蝇是杂种或杂合子。并且，就像以上所陈述的一样，当此杂合子与正常
的个体交配时，所得后代会有Lobe^{2}眼和正常眼两种果蝇，其数量各占后代的
一半。让杂合子Lobe^{2}眼果蝇进行自交，会得到纯种的Lobe^{2}眼果蝇，但通常情
况下，其眼睛更小，且有可能缺失一只眼睛甚至没有眼睛。

　　有一个很奇怪的现象，那就是当突变显性基因以纯合子的形式出现时往
往是致命的。因此，当果蝇带有纯合子的卷翅（如图41）突变基因时，它们
几乎都会死亡，只有极少的个体能存活下来。老鼠的黄毛突变显性基因以纯
合子的形式出现时，是致命的；老鼠的黑眼和白毛突变基因也是如此。在所
有携带突变显性基因的物种中，都不可能产生纯种的个体（除非出现另外一种
致死基因与这一突变显性基因相抵）。在它们所产生的后代个体中，每一代中都

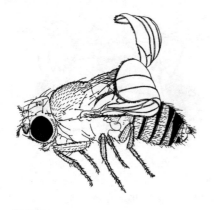

□ **图41**

　　黑腹果蝇的突变卷翅性状：翅尾往上翻卷，且两翅稍微分离。

有一半像它们自己，而另一半表现为另一正常型（携带正常的等位基因）。

　　众所周知，人类的短指症[1]是一个突出的显性性状。毋庸置疑，短指自身作为一个显性的突变性状，会在有着短指性状的某些家族中持续遗传。

　　所有果蝇的原种，都是以突变体的形式出现的。在以上我们所列举的例子中，（后来以原种的形式固定下来的）突变体一开始出现都是一个个体。然而，在别的例子中，存在多个个体同时表现出新的突变性状。这些突变准是在种系[2]早期就发生了，所以才会出现几个卵细胞和几个精细胞携带这些突变要素的情况。

　　有时，一对果蝇会有四分之一的子代都是突变体。而且有证据显示，这种突变早已在某一祖先体内就出现了。但由于这些突变体都是隐性的，所以，如若不是含有这一突变基因的两个个体交配，这种突变性状便不会显现出来。因此，在它们（自交）的子代中，预计会有四分之一的个体显现出这种隐性性状。

　　近亲繁殖的种群比远亲繁殖的种群更易产生这种结果。因为如果是远亲繁殖，在两个个体偶然会合之前，隐性基因可能已分布到大量的其他个体中去了。

　　人类存在一些由突变引起的缺陷性状，且其重现的次数要比预期的更

---

〔1〕短指症：又名短趾症，是一种常染色体显性遗传病。

〔2〕种系：假定有共同起源且关系密切的一小群物种。一般不患病。

高，这极有可能是因为在人体的生殖质中隐含着很多隐性基因。如果对人类的遗传谱系予以追踪，会发现其亲戚或祖先也有着同样的突变性状。或许，人类的白化病[1]是证明这一观点的最好例子。在很多白化病案例中，白化病多来源于父母双方都携带着致病的隐性基因，但新的白化基因也有可能是由突变产生的。即便如此，直到它遇到另外一个相同的隐性基因之前，这个（隐性）突变的白化基因的性状是不可能表现出来的。

人类驯化的动植物所展现出的众多性状，都会像起源已确定为突变的那些性状一样，一代一代固定地遗传下去。毋庸置疑，很多性状源于突变，尤其是那些由近亲繁殖而来的驯化类型。

当然，我们并不能由此断定，只有驯化的品种才会产生突变，因为事实并不是这样。有大量证据表明，在自然界同样也有此类突变体。但由于大多数的突变体比野生型更虚弱，且适应性更差，以致这些突变体在被认出之前就已经消亡了。相反，在人工培育过程中，这些个体受到了保护，虚弱的个体也有机会存活下来。加之驯化动植物，尤其是那些供遗传研究而培育的动植物，都经过了仔细的检查，我们对其（表现出的性状）非常熟悉，所以能觉察出新类型。

一项对黑腹果蝇原种突变的研究，揭露了一个奇怪的意外事实：在果蝇的一对基因中，仅有一个基因发生突变，而不是一对基因中的两个同时发生突变。究竟是什么类型的环境导致一个细胞中的某个基因改变，而另一个

---

〔1〕白化病：由于酪氨酸酶缺乏或功能减退引起的一种皮肤及附属器官黑色素缺乏或合成障碍所导致的遗传性白斑病。患者视网膜无色素，虹膜和瞳孔呈现淡粉色，怕光，皮肤、眉毛、头发及其他体毛都呈白色或黄白色。白化病属于家族遗传性疾病，为常染色体隐性遗传，常发生于近亲结婚的人群中。白化病患者双亲均携带白化基因，本身不发病。如果夫妇双方同时将所携带的致病基因传给子女，子女就会患病。眼白化病为X连锁隐性遗传，当母亲所携带的白化基因传给儿子时儿子才会患病，其女儿一般不患病。

等位基因却没有发生任何改变，这是很难想象的。因此，我们推断，引起改变的原因似乎是内在的，而不是外在的。稍后，对这一问题，我们将做进一步探讨。

另一事实也在研究突变作用的过程中引起了我们的关注，即相同的突变可能一次又一次地重现。表1是果蝇突变重现的列表。相同突变的重现表明我们所研究的是独特而有序的过程。突变的重复出现让我们想起了高尔登（Galton）著名的多面体比喻。多面体的每一个变化都与基因的某个新的稳定位置相对应（这里或者用在化学意义上）。

表1 重现的突变和等位基因系

基因点	重现总数	鲜明的突变型	基因点	重现总数	鲜明的突变型
无翅	3	1	致死-c	2	1
无盾片	4 ±	1	致死-o	4	1
细眼	2	2	叶状眼	6	3
弯翅	2	2	菱眼	10	5
二裂脉	3	1	栗色眼	4	1
双胸	3	2	细翅	7	1
黑身	3+	1	缺翅	25 ±	3
短毛	6+	1	桃色眼	11+	5
褐眼	2	2	紫眼	6	2
宽翅	6	4	缩小	2	2
辰砂眼色	4	3	粗糙状眼	2	2
翅末膨大	2	2	粗糙眼	2	2
缺横脉	2	1	红玉色眼	2	2
曲翅	2	2	退化翅	14+	5+
截翅	16+	5+	暗褐体	3	2
短肢	2	2	猩红色眼	2	1
短大体	2	1	盾片	4	1
三角形脉	2	2	△状脉	2	1
△状脉	2	1	二毛	3	3
致死-a	2	1	微黑翅	6+	3
致死-b	2	1	黑檀体	10	5

续表

基因点	重现总数	鲜明的突变型	基因点	重现总数	鲜明的突变型
无眼	2	2	焦毛	5	3
肥胖	2	2	星形眼	2	1
叉毛	9	4	黄褐体	3	2
翅缝	2	1	四倍性	3	1
沟形眼	2	2	三倍性	15 ±	1
合脉	2	2	截翅	8 ±	5
石榴石色眼	5	3	朱眼	12 ±	2
单数-Ⅳ	35 ±	1	痕迹翅	6	4
胀大	2	1	白眼	25 ±	11
盾片	4	1	黄身	15 ±	2
乌贼色眼	4	1			

　　我们最常引用或用作遗传学研究资料的突变性状，通常都是那些相当激烈的改变或畸形。这就给人留下了这样一个印象，即突变型与原始型是有很大差距的。当达尔文谈及飞跃[1]时，他并没有把这些飞跃当作生物进化的证据，因为他说，如此大的改变有可能使得躯体的部分不太能适应已经调和了的环境。一方面，当激烈的变化使基因突变或导致个体畸形时，我们会充分意识到达尔文的这一论点是正确的；另一方面我们也意识到，小的改变和大的变化一样，都是突变的特征。事实已多次证明，一部分稍大或稍小的轻微改变，都可能是源于胚胎质内某些基因的改变。既然只有源于基因的差异才能遗传，那么，结论似乎是：进化必须通过使基因发生改变才能得以进行。然而，我们并不是说进化性的改变和由突变引起的改变是一样的。极有可能的是，野生型基因有其不同的起源。事实上，我们已经接受了这一观点，有时还很热衷于主张它。因此，找出是否存在可以支持这一观点的证

---

　　[1] 飞跃：一种激烈的突变。

据，意义重大。表面看来，在德弗里斯（de Vries, 1848—1935）[1]的著名突变论[2]的早期论述中，似乎就已暗示了新基因的产生。

突变论一开始就提出："有机体的性质是由单元组成的，而这些单元是截然不同的。它们会结合成群，且在近缘种（相近物种）中，相同的单元和单元群组会重现。但在动植物外形上是看不见这样的过渡阶段的，因为发生在单元和单元之间的转换，就像发生在化学中分子和分子之间的变化一样是看不到的。"

"物种间并没有连续性的联系，新物种的出现源于突然的变化或层级。当新的单元加到原有单元组时，就会形成一个层级，于是新型成为独立种，并从原有物种中分离出去。这里的新物种便是那个'突然变化'。这一新物种的出现，看不出有任何准备，也没有过渡。"

以上观点似乎是说，有一个突变就会产生一个初级的新物种，而突变之所以会产生，是因为一个新要素即新基因的突然出现。还有另外一种说法：我们见证了突变时诞生的新基因，或者至少见证了新基因的活动，世界上具有活性的基因的数目，因此增加了一个。

德弗里斯在其《突变论》的最后几章和他后来关于"物种和变体"的演讲中，进一步阐释了他对突变的理解。他承认两种作用的存在：其一，新要素（即基因）的增添会带来新物种；其二，原有的要素（基因）会失去活性。目前，我们对第二个作用较感兴趣，因为除了表达方式不同以外，第二种作

---

〔1〕德弗里斯：荷兰植物学家和遗传学家。他早年研究植物生理学，在渗透压方面成果卓著。1873年他所发表的两篇关于攀援植物运动机制的笔录，受到达尔文赏识（见达尔文著：《攀援植物的运动和习性》）。他后来转向遗传学研究，是孟德尔定律的三个重新发现者之一。

〔2〕1901年，德弗里斯首次提出生物进化起因于"突变论"的观点，他认为新物种是通过一系列急剧变动、突进或跳跃式变异即突变而出现的。后来的遗传学研究表明，德弗里斯所说的突变主要指的是染色体畸变。

用实质上是在陈述这样一个
观点：今天我们培育的新
型，是源于一个原有基因
的缺失。事实上，德弗里斯
自己将所有这些常见的缺失
突变——不管其是显性的还
是隐性的，都列入了这一作
用，但他自己默认这些突变
都是隐性的，毕竟它们的基

□ **图42**
左图是普通型拉马克待霄草，右图是巨型待霄草。

因都失去了活性。他认为出现孟德尔式结果是因为有好几对相对基因——具
有活性的基因及其无活性的等位基因，所以都属于第二种作用。每对基因中
的等位基因彼此分离，于是便有了孟德尔式遗传中所特有的两种配子。

德弗里斯还提到，这样一个过程代表了进化向"后"迈了一步。这不是
进步，而是退步，且产生了一个"退化变种"。就像我们提到的那样，这种
解释和目前所主张的物种突变是由于基因缺失的说法类似——原则上，两
种说法是一样的。

因此，检测那些促使德弗里斯推进其突变假设的证据是有意义的。

在荷兰首都阿姆斯特丹的一片荒地上，德弗里斯发现了一丛拉马克待
霄草（Oenothera lamarckiana）[1]（如图42）。其中有几株较为特殊，它们与
普通的植株稍有不同。他将这些特殊植株移植到自己的花圃，发现大多数能
继续繁育特殊植株。同样，他也种植了一些祖代植株，或普通型拉马克待霄
草。在这些祖代的后代里，每一代也产生了少量相同的新型植株。当时，总

---

〔1〕又称拉马克月见草。两年生草本，茎多分枝，高达1米，具白长毛，毛基部带红
色突起。

共有九种这样的植株被鉴别出来，且都是新的突变型。

现已证实，其中一种突变型是因为染色体数量加倍，这种突变体被称为巨型（gigas）待霄草[1]（如图42）。有一种突变型是三倍体，被称为半巨型（semi-gigas）待霄草。有几种突变型是因为出现了额外的染色体，被称为lata型待霄草和semilata型待霄草。至少有一种brevistylis待霄草和果蝇的隐性突变一样，两者都属于基点突变。而对于 brevistylis待霄草和隐性突变的残余待霄草，才是德弗里斯所能用于研究引用的[2]。现如今，很有可能这种残余类型（隐性突变体）和果蝇突变类型是相似的，但它们在近几代中都会重现，这一点又与果蝇以及其他动植物的突变情况完全不同。有一个合理的解释或许可以说明这一现象，即这些隐性突变基因与存在的致死基因是紧密连锁的。只有当这些隐性基因通过交换作用，从附近的致死基因中分离出来时，这一性状才能表现出来。在果蝇中，有可能存在含隐性基因且与待霄草相似的平衡致死纯种。所以，只有当交换发生时，这些隐性基因才会重现，且其重现频率决定于致死基因和隐性基因之间的距离。

已有发现表明，野生待霄草的其他物种也会表现出和拉马克待霄草一样的行为，因此，我们可以看出，拉马克待霄草的遗传属性与其杂交种的起源无关（像我们有时推想的那样），而主要是由隐性基因与致死基因连锁导致的。突变型的出现，并不代表隐性基因发生突变的过程，而代表隐性基因脱离致死基因的连锁而得到解放的过程[3]。

---

〔1〕即四倍体待霄草植株。

〔2〕德弗里斯和施通普斯（Stomps）都认为，巨型待霄草的一些特征是源于除染色体数量外的其他因素。

〔3〕沙尔（A. F. Shull）已经在致死基因连锁假设上解释了大量拉马克待霄草的隐性基因类型。埃默森（S. H. Emerson）最近指出，沙尔所发表的证据虽然不能完全令人信服，但也可能是合理的。在最近的出版物中，德弗里斯自己似乎也没有对采用致死基因连锁假说来解释多次重复的隐性突变基因这一点提出反对。他还将隐性突变基因置于"中央染色体"内。

这样看来，拉马克待霄草的突变过程，同我们所熟悉的其他动植物的突变过程，似乎没有本质区别。换句话说，除了因为致死基因和一些隐性突变基因之间有连锁关系外，发生在拉马克待霄草身上的突变过程，同发生在动植物身上的突变过程，在解释上不会有什么本质区别。

综上所述，我认为，即使出现一个新型或者是进步型待霄草品种，也没有必要假设增加了一个新基因。德弗里斯所提出的进步型，或许就是在正常的常染色体中多出来一条额外的染色体。这一问题将在第十二章继续讨论，目前我们需要指出的是：很少有证据可以表明，新物种往往是通过增加染色体的途径而产生的。

第六章　突变基因的产生是否源于基因的缺失

我们应该记得，隐性基因和显性基因的区别很大程度上是勉强划分的。经验表明，一种性状不可能总是显性或是隐性。相反，在大多数例子中，一种性状既不完全是显性的也不完全是隐性的。换句话说，在杂合子中既包含显性基因又包含隐性基因，两种基因都对其性状的表达有所影响。认清了这一点，再主张隐性性状是一种基因缺失的理论就没有道理了。当然，在某些例子中我们也能想到，杂合子是中间状态，因为一个显性基因所表达出来的显性性状，不如两个显性基因所表达出来的显性性状那么明显，这也给这一观点带来了一个新的因素。

对基因的起源或本质这一问题，孟德尔未予考虑。在他的公式中，他用大写字母表示显性基因，小写字母表示隐性基因。纯显性基因是AA，纯隐性基因是aa，子一代的杂合子基因是Aa。在他实验中所用的豌豆里，黄皮和绿皮，高茎和矮茎，圆粒和皱粒都是已经存在的性状，因此，起源不会成为问题。后来，当需要考虑突变型和野生型之间的关系时，突变基因的起源才激起了大家的好奇心。现有一个有关家鸡的玫瑰冠和豆状冠[1]的特殊例子，似乎与隐性基因的出现是源于基因缺失这一推理有关。

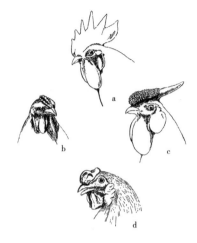

□ **图43**
　　家鸡的冠型：图a为单片冠，图b为豆状冠，图c为玫瑰冠，图d为胡桃冠（其为豆状冠和玫瑰冠杂交所得）。

某品种的家鸡有着玫瑰冠（如图43c），它们能繁殖玫瑰冠后代；另一品种的家鸡有着豆状冠（如图43b），它们能繁殖豆状冠后代。如果将两个品种杂交，其子一代家鸡会得到新的冠种，即胡桃冠（如图43d）。如果让子一代中的两只胡桃冠家鸡交配，那么，其子二代中会有9个胡桃冠，3个玫瑰冠，3个豆状冠，和1个单片冠（如图43a）。上述数据表明，家鸡含有两对基因，

---

　　〔1〕鸡冠根据形状可分为单片冠、胡桃冠、玫瑰冠、豆状冠等。鸡中最为常见的冠型为单片冠，单片冠包括一个叶片和数目不等的冠齿。玫瑰冠前宽后尖，形成冠尾，鸡冠上部较平，其上覆盖有规则的乳头状突起，冠尾无突起的乳头。豆状冠又称三叶冠，由三叶小的单冠组成，中间一叶较高，有明显的冠齿。玫瑰冠和豆状冠的遗传都是常染色体显性遗传，胡桃冠则是由玫瑰冠和豆状冠的等位基因交换形成的。后三种鸡冠性状的遗传学研究对孟德尔遗传定律的再发现以及遗传学概念的建立，具有非常重要的作用。

玫瑰冠和非玫瑰冠，豆状冠和非豆状冠。单片冠既非玫瑰冠也非豆状冠，当时的研究将其解释为单片冠既不含玫瑰冠基因也不含豆状冠基因。但需要明确的是，玫瑰冠或豆状冠性状的缺失，并不一定能证明这两个基因不存在等位基因。它们的等位基因或许只是两个别的基因，而这两个别的基因不会表现出豆状冠或玫瑰冠而已。

从另一个方面来说明以上结果，或许会更加清晰明了。我们假定，如果家鸡种群是由单片冠的野生型鸡发育而来的。在某个时期，野生型鸡发生了显性突变[1]，于是长出了豆状冠；在另外一个时期，另一野生型鸡发生了另一显性突变，于是长出了玫瑰冠。据此推断，在上述所示的杂交中，子二代中出现单片冠是由于原始野生型中本来就存在这两种未突变的隐性基因所致。由此，豆状冠（PP）鸡种群中会含有野生型基因（rr），由于显性突变，于是有了玫瑰冠。同理，玫瑰冠（RR）鸡种群中含有野生型基因（pp），由于显性突变，于是有了豆状冠。因此，豆状冠的表达式为PPrr，而玫瑰冠的表达式为RRpp。两种群分别产出含Pr和Rp的生殖细胞，所得子一代便为PpRr。因为子一代中存在两种显性基因，于是便得出了一种新冠型，即胡桃冠。由于子一代含有两对基因，子二代势必出现16种组合方式，其中有一种是pprr，即单片冠。因此，单片冠的产生，是参与杂交的野生型隐性基因重组的结果。

隐性性状与基因缺失

无疑，在"存在—缺失"这一理论背景下，隐含着这样一种观念，即很

---

[1]显性突变：一个等位基因突变后即可显现其表型效应。

多隐性性状是原始类型中真正缺失掉的性状，因此我们推测出该隐性性状的基因同样也缺失了。这一观念，实则是魏斯曼关于定子与性状的关系的一种残余思想。

对以上观点进行深入探究，进一步查出隐性性状与基因缺失之间的关系，是很有裨益的。

人们将白兔、白鼠或白豚鼠解释成它们失去了原始类型所特有的色素。在某种意义上，没有人会否定有色和无色这两个性状之间的关系会以这样[1]的方式表达出来，但我们或许会注意到，很多白豚鼠的脚或脚趾还保留着一点毛色。如果产生色素的那个基因真的不存在，加上如果毛色的出现真的是取决于含有这个基因，那就很难解释这些少量毛色的存在了。

果蝇中有一变异种，它只有翅膀的痕迹，称为痕迹翅型（如图10）。但是，如果将其幼虫放在31℃左右的环境下培育，那么，其翅膀就会变长，最长的几乎能达到野生型的翅膀长度。如果产生长翅的那个基因真的不存在，那么如何解释在高温下又长出长翅这一事实呢？

另有一种精选的果蝇，大多数个体无眼，极少数个体小眼（如图30）。培育的时间越久，就会出现越来越多的有眼果蝇，且眼睛也越来越大。基因不会随着培育时间的延长而发生改变，如果在孵化出来时无眼果蝇就缺失该基因，那么，之后的培育时间无论如何延长，缺失的基因也不可能恢复回来。加之，如果真的有基因重现这一说，那么经过长时间培育后，果蝇后代中理应会产生更多的有眼果蝇，或者是眼睛比正常眼大的果蝇，但在实验中并没有出现这样的现象。

在其他隐性突变型中，性状的损失本身仍然是非常不明确的。黑兔对于

---

〔1〕即是否存在基因。

野生灰兔来说，黑色是隐性，然而黑兔的色素却比灰兔多。

产生纯白色个体的显性基因也是存在的。白色来亨鸡的出现就是由于这个显性基因的存在。在此，这个观点与先前的观点完全相反，据先前的观点所说：在野生型原鸡中，存在着一种抑制白翅性状得以表现的基因，当这种抑白基因缺失时，其后代就会发育出白翅。从逻辑上看来，这种理论似乎说得通，但实际上主张野生型原鸡含有这一类基因的假设似乎不太可取。而且，从其他显性性状来看，这个理论是站不住脚的，只能算作为了维护该理论而不惜一切代价的臆测。

同样，我们应该记得，隐性基因和显性基因的区别很大程度上是勉强划分的。经验表明，一种性状不可能总是显性或是隐性。相反，在大多数例子中，一种性状既不完全是显性的也不完全是隐性的。换句话说，在杂合子中既包含显性基因又包含隐性基因，两种基因都对其性状的表达有所影响。认清了这一点，再主张隐性性状是一种基因缺失的理论就没有道理了。当然，在某些例子中我们也能想到，杂合子是中间状态，因为一个显性基因所表达出来的显性性状，不如两个显性基因所表达出来的显性性状那么明显，这也给这一观点带来了一个新的因素。但是，这并不意味着隐性性状的出现是因为某个基因的缺失。或许，我们能迎合基因缺失这一假设，但实则没有必要做这样的假设。

如果我们承认之前的论证[1]是合理的，那么或许我们就不必考虑从字面意思上解释隐性基因的意义了。但近几年，出现了另一个有关所有基因和性状之间关系的解释，这一解释使得反驳基因的存在和缺失的观点更加复杂。例如，假设一条染色体上确实存在某个基因的缺失，当这样的两条染色

---

〔1〕即隐性性状的出现是由于基因的缺失。

体接合到一起时，个体的某些性状或有
所改变，甚至会消失。据说这些性状的
改变或消失，是由剩下的所有基因共同
作用所致。决定性状结果的不是基因的
缺失，而是当某两个基因缺失时，剩下
的所有基因的共同作用。这样的解释避
免了每一个基因都单独代表个体的某种
性状这一假设。

　　在探讨这一观点时，应该指出，这
个解释在某些方面同我们更为熟悉的有
关基因和性状两者之间关系的另一个解
释是相似的，事实上，前一个解释是从

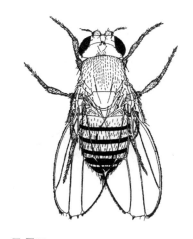

□ **图44**

黑腹果蝇的缺翅是一种性连锁显性性
状，也是一个隐性致死性状。

后一个解释中衍生出来的。例如，如果突变过程被说成是基因组织内发生改
变，那么结果证明当两个隐性突变基因出现时，新性状并非由于新基因的单
独作用而出现。反之，这个新性状是所有基因共同作用所得的终产物，当然
也包括了这两个新隐性基因。同理，原始性状的呈现也是由于原始基因（发
生突变前的那个基因）和其他基因的共同作用。

　　上述这两个解释，或许可以简短地陈述为：第一个解释认为，当一对基
因缺失时，剩下的所有基因使个体产生了突变性状；第二个解释认为，当一
个基因的组织发生改变时，在新基因和剩下的所有基因的共同作用下，才产
生了最后所得的突变性状。

　　近来这方面的研究获得了不少确切的证据，尽管它们并没有对这两种
解释有决定性的偏向作用，但与在此争论的问题密切相关。这些证据的价
值，还是值得我们去考虑的，毕竟这些证据提供了未讨论过的突变的某种可
能性。

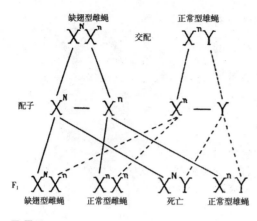

□ **图45**

缺翅型雌蝇（$X^N X^n$）和正常型雄蝇（$X^N Y$）的杂交。X^n表示含缺翅基因的X染色体，X^N表示含正常的等位基因的X染色体。

果蝇中存在几种突变型原种，被称之为缺翅型[1]。它们的翅端有一处或几处切口，第三翅脉加粗（如图44）。在缺翅型果蝇中，只有雌蝇能存活下来。任何含有缺翅基因的雄蝇都会死亡。缺翅基因位于X染色体上。现有一只雌蝇，其一条X染色体带有缺翅基因，另一条X染色体带有正常的等位基因（如图45）。在这只雌蝇成熟的卵细胞中，有一半带有缺翅基因，另一半带有正常的等位基因。如果它与正常的雄蝇交配，那么含X染色体的精细胞和携带正常X染色体的卵细胞结合，可得正常型雌蝇后代；含X染色体的精细胞和携带缺翅基因的X染色体的卵细胞结合，可得缺翅型雌蝇后代；含Y染色体的精细胞和携带正常X染色体的卵细胞结合，可得正常型雄蝇后代；含Y染色体的精细胞和携带缺翅基因的X染色体的卵细胞结合，所得后代都会死亡。综上，杂交结果是子一代果蝇的雌雄比例为2:1。

就以上这一实验证据而言，缺翅基因被看作是一个隐性致死基因，其作用是在杂合子中作为显性翅型的修饰因子。后来，梅茨（Metz）和布里奇斯（Bridges, 1917）以及莫尔（Mohr, 1923）先后提出，与普通的"基点突变"

---

[1]果蝇的翅型有3种类型：长翅、小翅和缺翅，其中长翅、小翅属于完整翅型（简称全翅）。

相比，X染色体上的缺翅突变
所涉及的范围更大。这是因
为，如果有一些隐性基因存在
于一条X染色体缺翅基因所在
的位置，而另一条染色体上有
缺翅基因，那么这个隐性性状
才会呈现在这一个体上，仿佛
含缺翅基因的X染色体上的某
段染色体会发生缺失，或者说
无论如何该个体是不能存活似
的（如图46a）。事实上，所得
结果正好像真正发生缺失一
样。在一些缺翅突变体中，缺
失的区域会达到3.8个单位那

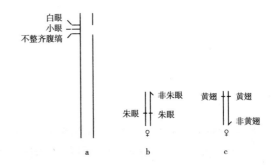

□ **图46**

　　图a所示为缺翅基因在染色体上的位置，右侧染色体上的
断开部分表示缺翅，左侧染色体上是三种隐性基因（白眼、
小眼和不整齐腹缟）的位置分布，与右侧缺翅基因相对。

　　图b所示为一条X染色体与另一条X染色体上的基因发生了
交换，两条X染色体都带有朱眼基因，其中一条X染色体上还附
带有朱眼的正常等位基因（非朱眼），两者连接在一起。

　　图c所示为两条X染色体都带有黄翅基因，其中一条X染色
体上还附带有黄翅的正常等位基因（非黄翅），两者连接在
一起。

么长（其距离是从白眼基因的左侧到不整齐腹缟基因的右侧，可参考图19）。但在
其他的缺翅个体中，缺失区域只会包括较少的单位。不管从哪个例子来看，
这一证据似乎都意味着：染色体在某种意义上已经缺失了一小段。

　　如同前面所提到的，当若干隐性基因与缺翅基因相对时，隐性性状便得
以呈现。把这些隐性基因看成缺失，由剩下的其他基因共同作用得出性状，
或者认为这些隐性基因并未缺失，而是和剩下的其他基因共同作用得出性
状，这两种说法都与事实相符。实验的结果，不能断定两种说法孰对孰错。

　　然而，由两个隐性基因所表现出的性状和由一个隐性基因加上缺翅基因
"缺失"所表现出的性状之间，存在着细微的差异。这一细微差异，或许是
由于缺翅基因出现了真正的缺失，加之一个隐性基因所表现出的性状与两个
隐性基因所表现出的性状不同。但进一步的思考表明，这一细微差异，是由

于在缺失了缺翅基因的基因段中，还缺少了某些其他基因，而在双隐型中，这些其他基因却存在。因而这一细微差异，或许是源于这些基因的存留或缺失。

在以上例子中，我们只是单纯地根据遗传学的证据推导出，在缺翅个体中，X染色体发生了一个片段的缺失，但这一点还没有从细胞学方面加以证明。而在下一个例子中，我们会证明X染色体片段的缺失还导致了其他基因的缺失[1]。

有时，果蝇可能会缺失一条第四染色体（单体-IV型，如图29）。在某些突变原种中，第四染色体上携带着几个隐性基因。我们可以得到这样的个体，其唯一的一条第四染色体上有一个隐性基因，比如无眼基因。这样的个体，也呈现出无眼原型的性状，但作为同一个类型来看，其表现出的性状，却比存在两个无眼隐性基因的个体所表现出的性状更加极端。这一差异，或许是因为这条染色体的缺失也伴随着其他基因的缺失。

在布里奇斯和摩尔根提出的一个称为"易位"[2]的例子中，出现了另一种关系，即某染色体的片段发生脱离，该片段又连接在另外一条染色体上。这一染色体片段一直都存在，因为其携带基因，所以给遗传结果带来了复杂性。例如，X染色体上朱眼基因点附近区域的一段染色体，移接到了另一条X染色体上（如图46b）。一只雌蝇的两条X染色体上都含有一个朱眼基因，易位所得的染色体片段移接于其中一条X染色体上，尽管在X染色体的片

---

〔1〕染色体作为基因载体，上面有很多的基因。所以染色体片段可能包含很多基因，而基因片段是其中一部分DNA序列。

〔2〕染色体片段位置的改变称为易位，它伴有基因位置的改变。易位发生在一条染色体内时称为移位或染色体内易位；易位发生在两条同源或非同源染色体之间时称为染色体间易位。染色体间易位可分为转位和相互易位。前者指一条染色体的某一片段转移到了另一条染色体上即单向易位，而后者则指两条染色体间相互交换了片段，后者较为常见。

段上也存在朱眼基因的
正常等位基因，但该雌
蝇的眼色仍为朱眼。乍
一看，如果我们将朱眼
基因视为缺失，两个缺
失对于一个存在来说，
似乎不能成为显性。然
而，进一步分析，却可
另作解释。如果朱眼基
因缺失，所得的朱眼性
状是剩下的所有基因共
同作用的结果，那么，

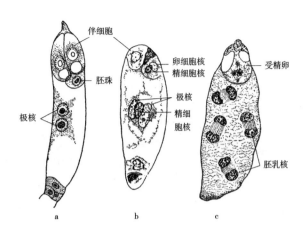

□ **图47**

  图a所示为植物胚囊中的卵细胞核受精的三个阶段。图b所示为母
方的两个单倍型核和父方的一个单倍型精细胞核。图c所示为三核结
合后所得三倍型胚乳。

即使存在一个朱眼基因的显性正常等位基因，该雌蝇也会表现出朱眼这一性
状。这样的情形，与一条X染色体上存在朱眼基因，另外一条染色体上存在
着其正常等位基因的情形并不能等同。

　　这里，两个隐性基因和易位片段上的一个显性基因的关系，并不是每次
都能激起隐性性状的发育。例如，我们可以看到摩尔根所研究的另外一个易
位的例子，即带突变基因黄翅和盾片（骨片鳞甲状）的X染色体中的片段，易
位到了另一条X染色体的右端。有一只雌蝇，在其两条X染色体中分别有隐性
黄翅基因（如图46c）和隐性盾片基因，其中一条X染色体与易位的染色体片
段相连接，这只雌蝇所表现出的性状为野生型的性状。在此，两个隐性基因
所对应的性状，与附在这条染色体上的显性等位基因所对应的性状抵消了。
这就是说，所有其他基因，加上这些附加的基因片段，会共同作用，使其向
占优势的性状发展。不管从以上哪种解释来看（发育出隐性性状或得出原始型
性状），这些现象都是应有的。

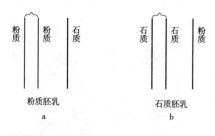

□ 图48

玉米的三倍型胚乳。图a所示为两个粉质基因和一个石质基因的存在产生粉质胚乳；图b所示为两个石质基因和一个粉质基因的存在产生石质胚乳。

关于两个隐性基因与一个显性基因的关系，我们同样在玉米的三倍型胚乳和一种三倍型动物中研究过。玉米种子胚乳细胞中的细胞核是由一个花粉核（染色体数量呈现单倍体）和两个胚囊核（每一个都是单倍体）共同组成的。结果所得为一个三倍型核（如图47），通过分裂，在其胚乳细胞中得到三倍型细胞核。在粉质玉米中，胚乳是由轻柔的淀粉组成的，然而在石质玉米中，胚乳是由大量的硬淀粉组成的。如果粉质玉米通常用作母方（胚珠[1]），而石质玉米通常用作父方（花粉），则所得的子一代种子会产生粉质胚乳。由此可见，在这里两个粉质基因相对于一个石质基因是显性的（如图48a）。如果用相反的方式再来一遍，即石质玉米作为母方，粉质玉米作为父方，则子一代种子为石质玉米（如图48b）。由此可见，两个石质基因相对于一个粉质基因而言呈显性。填补基因的空缺，究竟是选择石质基因，还是选择粉质基因，可以任意决定。在第一个例子中，如果粉质基因缺失，那么两个缺失对于一个存在来说就是显性的；在第二个例子中，两个存在对于一个缺失来说也是显性的。

如果只从字义来解释两个缺失的基因比一个存在的基因更占优势，这是说不通的。不过，如前所述，如果当一个基因缺失时，粉质性状是由剩下的

[1]胚珠：子房内着生的卵形小体，是种子的前体，为受精后发育成种子的结构。被子植物的胚珠包被在子房内，以珠柄着生于子房内壁的胎座上。裸子植物的胚珠裸露地着生在大孢子叶上，一般呈卵形，其数目因植物种类而异。而且胚珠是植物生育器官的重要部位。

所有基因共同作用所得的，这种说法还是说得通的。同理，如果只存在一个粉质基因（此基因是从石质基因突变而来的），最后玉米所表现的性状是由一个粉质基因和剩下的所有基因共同作用的结果，这种说法也说得通。所以，来自三倍型胚乳的证据，正如一段染色体上出现片段的易位，从而增加第三者的易位一样，也不能证明隐性性状究竟是源于某一基因的缺失，还是源于其他基因的存在。

在玉米中，还有几个其他例子说明了两个隐性基因并不比一个显性基因占优势，虽然这些例子与目前所研究的问题无关。

如果三倍型雌性果蝇个体的两条X染色体上各有一个朱眼基因，在第三条X染色体上存在一个红眼基因，那么这只雌蝇就会呈现出红眼性状。在这里，我们可以看到一个显性基因比两个隐性基因更占优势。这个结果，和重复段上的一个野生型（显性）基因同两个朱眼基因对立的结果完全相反。因为三倍型是将一条染色体完全复制一遍，而重复型只复制一条染色体中的一个小片段。这样一来，三倍型的第三条X染色体上的多余基因似乎就能解释这两种情况的不同了。无论是将这个隐性基因解释为基因的缺失，还是解释为基因的突变，似乎都是有道理的。

复原突变（返祖性）对解释突变过程的重要性

一方面，如果隐性基因的产生是源于基因的缺失，那么，隐性纯种将不会再产生原有基因，要不然这就意味着，高度特化的某些物质竟能无中生有[1]，这显然是说不通的。另一方面，如果突变是源于基因结构的改变，

---

[1] 即假设隐性性状是由于基因缺失而存在，如果出现隐性原种，那么就出现了原本不存在的纯合子隐性基因。

那么，不难想象有时突变基因可能会恢复原态。也许是因为对基因的了解甚少，我们对于这样一个论证，才不敢给出过高的评估。然而，用后一种观点来解释返祖突变体的出现，似乎较为合理。遗憾的是，关于这个问题的证据，尚不能完全令人满意。目前能确定的是，果蝇中存在的大量例子表明，在隐性突变的原种中，出现了与原种型[1]或野生型个体性状相同的个体。除非是在控制变量[2]的情况下，否则这类例子的出现还不能当成充足的证据，因为我们不能忽略野生型个体有可能会被隐性原种影响。然而，如果突变原种出现了多种突变性状，但有且只有一个性状发生复原，同时，还没有出现这些突变性状的其他组合形式，这种复原变化才是我们所需的证据。在我们培养的原种中，只出现了少数满足上述条件的案例，就其证据所涉及的范围来说，这也表明了复原突变这一现象是有可能发生的。同样，我们需要防止另外一种可能性的发生，那就是一段时间之后，有些突变原种，看起来像是或多或少地失去了原种的一些性状，然而，当将其杂交之后，这些失去的突变性状却又恢复了。例如，第四染色体上的弯翅性状，其本身就是不稳定的，极易受环境影响，如果不对培育的个体加以选择，其性状便会复原到原种的样子。如果将这种个体与野生原型杂交，再将所得子一代自交，那么所得的弯翅后代中，预计很多个体会重现弯翅性状。在另一个被称为盾片果蝇的突变原种中，也出现了类似结果。所谓盾片性状，即果蝇的胸膛缺少了某些刚毛。在某些纯种盾片原种个体中，出现了"失去"刚毛的现象。表面上，这些突变体中，已有复原回野生型的个体。但通过将这些个体与野生型原种交配，却并未出现复原的野生型个体。在子二代中，盾片果蝇再次出

---

〔1〕指生物培养时原有的基因型。

〔2〕所谓控制变量，就是在研究和解决问题的过程中，对影响事物变化规律的因素或条件加以人为控制，使其中的一些条件按照特定的要求发生变化或不发生变化，最终解决所研究的问题。

现。对这个例子的研究表明，果蝇
恢复正常，是隐性基因发挥作用的
结果，因为当其出现在盾片原种的
纯合状态下时，"失去"的刚毛会
再度长出。以上实验结果除了与正
在讨论的问题有所关联之外，这个
事实本身也是有趣而重要的，即一
个隐性基因的出现会使得突变性状
回到原种型性状。

最后，还存在一种独特的复
原现象，即细眼这一显性或半显性
性状可以复原到正常眼（如图49a、
图49b）。根据梅（May）和泽莱尼
（Zeleny）多年的观察得知，细眼会
恢复到正常眼，这个证据可以用来
充当复原突变发生的证据。复原突

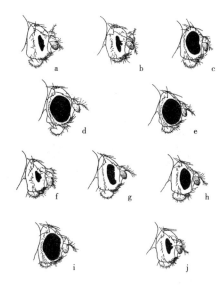

□ 图49

　　各种细眼类型果蝇的眼睛。图a为纯合子细眼雌
蝇；图b为细眼雄蝇；图c为细眼对圆眼雄蝇；图d为
复原所得的纯合子圆眼雌蝇；图e为复原所得的携带
圆眼基因的雄蝇；图f为双细眼雄蝇；图g为纯合子
次细眼雌蝇；图h为次细眼雄蝇；图i为次细眼对圆
眼雌蝇；图j为双次细眼雌蝇。

变发生的频率因原种的不同而不同，据估计，1 600次变异中大约会发生1次
复原变异。之后，斯特蒂文特（A. H. Sturtevant）和摩尔根发现，当细眼基因
复原发生之际，在细眼基因的附近会发生基因的交换。斯特蒂文特在确定所
发生的变化的性质方面，找到了关键证据。

证明每次复原都会发生基因交换的方法如下：在细眼基因的左端（相距
0.2个单位处）有一个叉毛基因，在细眼基因的右端（2.5个单位处）有一个合脉
基因。一只雌蝇有如下组合：一条X染色休上含前述三个基因，细眼基因位
于叉毛基因与合脉基因之间；另一条X染色体上不仅有细眼基因，还有叉毛
基因与合脉基因的野生型等位基因（如图50）。将这样的一只雌蝇与叉毛、

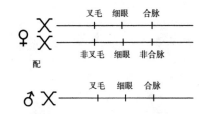

□ 图50

一只细眼雌蝇在叉毛、合脉上为杂合子，该雌蝇与一只叉毛、细眼、合脉的雄蝇杂交。

细眼、合脉雄蝇交配，所得子一代中的普通雄蝇，接受了母方的一条含有叉毛、细眼、合脉的X染色体，或是另一条含有非叉毛、细眼、非合脉的X染色体，其表现出的性状，要么是叉毛、细眼、合脉，要么是细眼。虽然复原突变很少发生，但当其发生时，即当一只圆眼雄蝇出现时，我们就会看到在叉毛基因和合脉基因之间发生了交换。例如，复原所得的雄蝇不是叉毛就是合脉，从不会出现兼具叉毛与合脉的性状，也不会出现兼具非叉毛和非合脉的性状。所以在母体染色体内，在叉毛基因和合脉基因之间一定发生了交换。叉毛基因和合脉基因之间的交换，总计不超过所有交换基因的3%，其中包含了所有的复原突变基因。

为了简化表述，前面只谈及了子代中雄蝇的复原情况。当然，复原的染色体也可能传递给卵细胞，从而发育出雌蝇。我们可以设计这样一个实验，以便在子代雌蝇中检验交换的证据。子代的普通型雌蝇尽是纯合子的细眼基因（如图49a），而复原型雌蝇会有杂合子的细眼基因，再加上叉毛基因，或者加上合脉基因，没有一只是兼具叉毛基因和合脉基因的个体，也没有一只是兼具非叉毛基因和非合脉基因的个体。

引起复原圆眼的交换作用，不仅会使一条X染色体失去一个细眼基因，还会将这个细眼基因转移到另一条含有细眼基因的X染色体上[1]（如图51a）。带两个细眼基因的雄蝇和带一个细眼基因的雄蝇，在外形上很相

---

[1]使两个细眼基因存在于同一条X染色体上。

似，但前者眼睛更小，其小眼的数目
也比较少。前者被称为双细眼（如图
49f）。至今为止，还没有人观察到在
任何其他突变中有两个等位基因出现
在同一直线序列上的情况。作图时，
我们只能假设在交换前，两个细眼基
因是相对的，而在交换时，却稍微移
动了一下位置。结果，双细眼雄蝇的
染色体至少延长了一个细眼基因的长

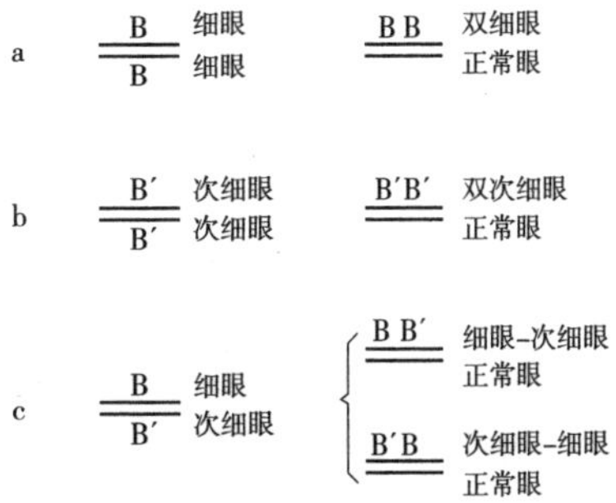

□ **图51**

细眼、次细眼和细眼-次细眼的突变。

度，与之相反的是，另外一条染色体的长度则因为减少了一个细眼基因而缩
短了。

　　斯特蒂文特对该复原理论做过一些关键性的测验。细眼基因的等位基
因（由细眼基因突变而来）被称为次细眼基因（如图49g和图49h），次细眼型与
细眼型在两眼的大小以及小眼的数量上有些许不同。次细眼原种会发生复原
突变（如图51b），产生一个与野生型非常相似的完全圆眼型果蝇及一个被
称为双次细眼[1]的新型果蝇（如图49j）。

　　当复原突变发生时，一条染色体上带细眼基因，另一条染色体上带次
细眼基因（如图51c）的雌蝇会产生完全圆眼野生型果蝇和细眼-次细眼型果
蝇，或者是完全圆眼野生型果蝇和次细眼-细眼型果蝇（如图51c）。

　　斯特蒂文特还利用了细眼-次细眼型和次细眼-细眼型来证明如下事实：
假设突变基因都位于同一条染色体，那么当细眼-次细眼型果蝇与正常型果蝇
发生交换时（如图52a），结果所得要么是细眼叉毛型果蝇，要么是次细眼合

---

[1] 生物学上称之为次狭细眼果蝇。

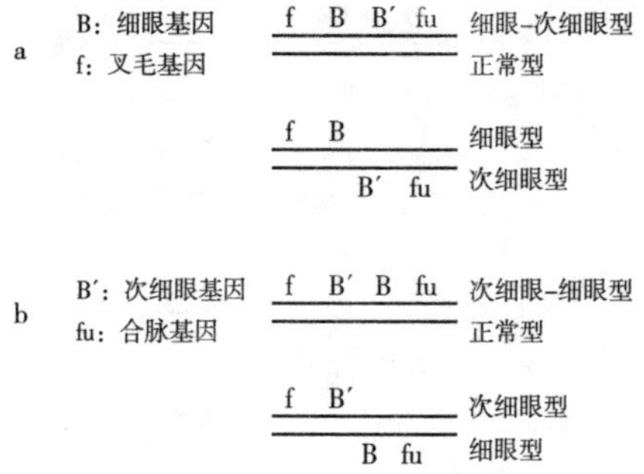

a
B：细眼基因　　f　B　B′　fu　细眼–次细眼型
f：叉毛基因　　─────────────　正常型

　　　　　　　　f　B　　　　　细眼型
　　　　　　　　─────────────
　　　　　　　　　　B′　fu　次细眼型

b
B′：次细眼基因　f　B′　B　fu　次细眼–细眼型
fu：合脉基因　　─────────────　正常型

　　　　　　　　f　B′　　　　　次细眼型
　　　　　　　　─────────────
　　　　　　　　　　B　fu　细眼型

□ 图52

图a是细眼叉毛果蝇到非细眼合脉果蝇的突变；图b是非细眼叉毛果蝇到细眼合脉果蝇的突变。

脉型果蝇；当次细眼–细眼型果蝇和正常型果蝇发生交换时（如图52b），结果要么是次细眼叉毛型果蝇，要么是细眼合脉型果蝇。

因此，这两型中的各个基因不仅保留了各自的特性，而且也维持着基因之间的顺序。从fBB′fu和fB′Bfu的组合方式来看，基因的排列顺序是一目了然的。而且，在所有例子中，B和B′之间的断裂，都与原来的基因顺序相吻合。

这些结果，为细眼型果蝇是因为交换而复原的说法提供了重要的证据。目前，这是唯一的案例。在X染色体上的细眼基因位上，似乎有一种特性，这种特性促使等位基因之间发生交换。斯特蒂文特将其称为"不等交换"[1]。

这一结果也引出了这样一个问题：是否所有的突变都是源于交换？在果蝇实验中，我们所得到的确切证据表明，基因交换不能普遍解释为突变。其中的一个原因是我们都知道的：突变既可以发生于雌蝇身上，也可以发生于雄蝇身上，而雄蝇不存在X染色体的交换。

〔1〕在这些关系中，涉及几个有关于细眼基因位的重要问题。例如，当细眼基因和处于细眼基因位上的其他基因发生交换时，在细眼基因位上会留下些什么呢？是否有一个细眼基因发生了缺失？是否细眼基因是由野生型突变而来的，又或者是一个新基因的生成？这些问题仍然值得探索。

源于多等位基因方面的证据

在果蝇和少量其他物种中（例如玉米），已经证明在同一个基因位上可能会发生多次突变。其中，以果蝇白眼基因位上的一系列等位基因最为显明。除了野生型的红眼，我们已知的果蝇眼色不少于11种。这些眼色形成了由白到红逐渐加深的序列：白色、生丝色、浅色、浅黄色、象牙色、曙红色、杏红色、樱桃色、血红色、红珊瑚色以及酒红色。在该基因位上，白色是最早被发现的突变性状，但其他眼色并没有按照前述顺序渐次出现。从果蝇眼色的起源和它们之间的关系可以清楚地看出，突变所得的眼色并非由相邻基因突变而来。例如，如果白眼是来自野生型中的一个基因位的突变，而樱桃色眼是来自相邻基因位的突变，那么，当白眼果蝇与樱桃色眼果蝇交配时，所得后代中的雌蝇应呈现为红眼——因为根据这个假设，白眼果蝇会携带樱桃色眼的野生型等位基因，而樱桃色眼果蝇会携带白眼的野生型等位基因。但当白眼果蝇和樱桃色眼果蝇真正杂交时，结果所得却是——后代雌蝇全部呈现为中间眼色。子一代雌蝇又产生孙代，孙代中白眼雄蝇和樱桃色眼雄蝇各占一半。这样的关系，同样适用于其他所有的等位基因，在雌蝇体内，任何两个基因都能同时存在。

如果照字面意思来理解存缺理论，那么，每一个基因的缺失都不会多于一个。在所有已知的例子中，多等位基因的出现都是因为野生型的独立变化，因此，存缺理论在这些例子中是站不住脚的[1]。但如果我们从不与等位基因的出现发生冲突的角度去解释缺失，还是可行的。例如，我们可以假

---

〔1〕如果等位基因依次出现，比如，一个接着一个，那么，当然很有可能等位基因都携带着以前的一个突变基因。如果两个个体交配，便不会得出野生型。但在果蝇中，每个等位基因都从野生型中突变而来，就像文中所解释的那样，那么情形就会不一样了。

设不同的突变是因为在基因位上有不同质量的物质缺失。缺失某一部分质量便呈现为白眼性状，缺失另一部分质量便呈现为樱桃色眼性状，以此类推。不过，需要注意的是，虽然这个假设与我们将基因看作一个单元的解释或许稍有出入，但结果不会与事实相悖。由两个这样的等位基因并存所得来的"综合物"，或许不会得到野生型物种，但可能产生其他突变个体。然而，如果承认这一点，就无异于承认存缺理论与突变是起源于基因的某些改变的观点实质上是相同的。然而，我确实看不出主张这种改变一定是因为某基因的部分缺失的说法（这里的基因即处于基因位上具有一定质量的物质）有何优势。用这种无端假设来解释性状突变是没有必要的。当然，基因可以全部损失，也可以损失一部分，结果都会出现新的突变性状，但基因也可能遵循其他方式发生改变。在我们还不知道这种改变到底是由何种确切的物质所导致时，就直接将这种改变归于某种过程，这是毫无帮助的。

结论

对现有证据的分析还不足以证实，原始类型物种中一些性状的缺失一定是由于细胞质中相应物质发生了缺失。

首先，即使对存缺理论做字面意义的推导，以便把所假设的关于性状缺失和基因缺失之间的关系说成是由其他基因施以影响的结果，与认为突变是由于基因内发生了某种改变的说法相比，也没有什么优越之处。其次，虽然目前还没有其他充足的证据能证明逆向突变的发生（细眼复原一例除外），但这种看法与认为基因可以因其内部结构的某种变化而使性状发生突变，且未必出现整个基因的缺失的观点大致吻合。最后，似乎来自多等位基因的证据与如下观点更加吻合，即每个突变基因都是源于同一基因内的一种变化。

这里所陈述的基因论，是将野生型基因当作染色体上一种长期相对稳定的特殊要素来看待的。目前，新基因的产生，除了被认为是起源于旧基因内部发生的某种改变之外，还没有证据可以说明其来头。基因的总数，在长时期内是恒定不变的，然而，基因的数量是可以通过整组染色体加倍或其他类似方法而有所改变的。这种变化所产生的效果，我们将在后面的章节中讨论。

第七章　同属异种中基因的位置

　　单从果蝇这方面的证据就可以看到，在亲缘极其相近的果蝇中，相同染色体上的基因可以按照不同的顺序排列。相似的染色体组，有时可能包含不同的基因组合。既然更重要的是基因而不是染色体，那么我们对于遗传结构的最后分析，一定是遗传学，而非细胞学。

　　德弗里斯的基因突变论，除了前面第五章所提到的独特解释外，还假定初级物种是由大量的相同基因组成的，且认为这些初级物种间出现不同是因为其基因组合方式的不同。最近，关于同属异种[1]的杂交实验，也为这一理论提供了证据。

　　研究该问题最有效的方式，便是让这些不同的物种杂交，并在可能的范围之内以杂交的方式来判断这些物种是否有同样数量的同源基因[2]。但这种方法存在很多难点，例如，很多物种不能用于杂交，还有一些物种杂交所得的杂合子没有繁殖能力。不过，也存在少部分物种彼此可以杂交，并产生还能繁殖后代的杂交种。但又有问题出现了，即如何识别两种物种间的一组性状为孟德尔式成对性状。因为在每个例子中，区分一个物种与另一个物种间存在的各种差异，需取决于大量因子。换句话说，很少能在两个截然不同的物种中，发现任何一个差异源于单一的分化基因。所以，若需提供必要证据，则只能求助于一个或者两个物种中新出现的突变型差异。

□ **图53**

　　两种烟草（langsdorffii和alata）间的杂交。在左图中，a和c表示两种原花型，b表示杂交种花型；在右图中，d和e为子二代中所得的复原型花。

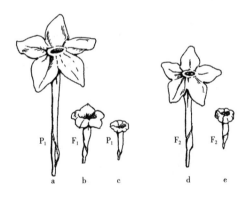

P₁　　F₁　　P₁　　　　F₂　　F₂

a　　b　　c　　　　d　　e

　　〔1〕同属异种：属同但种不同。例如，马和驴都是马属，但并非同一种生物。它们有共同的起源，互相交配均可产生种间杂种——马骡和驴骡。

　　〔2〕同源基因：由共同的祖先在不同物种间遗传的基因。虽然同源基因在序列上是相似的，但相似的序列不一定是同源的。

□ 图54

　　左右两图为molle和majus两种金鱼草，中间为它们杂交所得的杂合子。

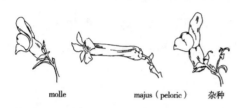

□ 图55

　　左图和中图分别为左右两侧对称的molle花朵和peloric型的majus花朵，两者杂交所得的子二代为右图所示的野生型杂合子。

□ 图56

　　图55中杂交子二代的花朵类型。

　　在几个植物的案例和至少两个动物的案例中，突变型物种与另一物种杂交，得出具备繁殖力的子代，这些子代自交或者回交，其结果为不同物种间基因的等位关系提供了唯一的决定性证据。

　　伊斯特（East）让两种烟草（langsdorffii和alata）杂交（如图53）。开白花的植株，为突变型。虽然杂交子二代出现了很多其他性状，但白花植株仍然占了四分之一。由此可知，某物种的突变基因作用于另一物种的基因，就像作用于同一物种的正常等位基因一样。

　　克伦斯（C. Correns）让jalapa和longiflora这两种紫茉莉杂交。他所用的jalapa是一种隐性突变植株。在子二代中，几乎有四分之一的个体重现了这一隐性突变性状。

　　鲍尔（Baur）让majus和molle这两种金鱼草杂交（如图54）。他至少选用了五种molle金鱼草突变型，在所得的杂交子二代个体中，这五种突变型个体的数量与

预期总数的四分之一相符（如图55
和图56）。

德特勒夫森（Detlefsens）让
porcellus和rufescens这两种豚鼠杂
交，再将子一代所得的杂合子雌豚
鼠（雄性不可育）和突变型porcellus
雄豚鼠交配，共产生七种突变性
状。他发现，突变性状的遗传方式
和porcellus的遗传方式一样。这个
结果，又一次展现了这两种物种有
一些相同的基因位。但是，此结
果并未展示出这两个物种中存在
着相同的突变体，毕竟对有着与
porcellus突变性状相类似的突变型
没有被研究过。

朗（Lang）做过hortensis和
nemoralis这两种野生螺的杂交实
验。这个实验描述了一个极其明显
的例子，并表明：同属异种间某性

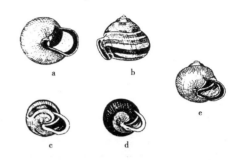

□ 图57
　图a为nemoralis蜗牛，黄色，Zurich型；图b为
nemoralis蜗牛，红色，Aarburger型；图c为hortensis
蜗牛；图d为hortensis蜗牛，与图c蜗牛相同；图e为杂
合子。

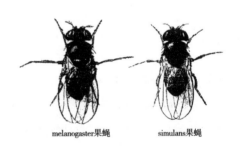

melanogaster果蝇　　　simulans果蝇

□ 图58
　左边为melanogaster果蝇，右边为simulans果蝇，
两者都为雄性。

状的显隐关系，与同一物种的某对性状间的显隐关系是相同的（如图57）。

有两种果蝇，在外表上极为相似，以至于我们把这两种果蝇当作同一
种。一种为melanogaster果蝇，另一种为simulans果蝇（如图58）。仔细观察，
我们发现，这两种果蝇在很多方面都不相同。它们之间不易杂交，杂交所得
的杂合子为完全不孕不育的果蝇。

在simulans果蝇中，已有42种突变型，分属于3个连锁群。

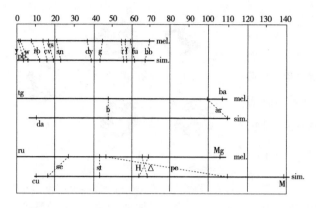

□ **图59**

　　图顶部为simulans果蝇和melanogaster果蝇第一染色体或X染色体上相同的突变基因的对应基因轨迹；中间是与之相似的第二染色体上的基因轨迹；底部是第三染色体的基因轨迹。

在simulans果蝇中，有23种隐性突变基因，这些基因在其杂合子内仍然是隐性的；而在melanogaster果蝇中，有65种隐性突变基因，在其杂合子体内，这些基因也已证明仍是隐性的。这一结果表明，每一个物种都携带着另一物种中各个隐性基因的标准型基因或野生型基因。

　　在simulans果蝇中，又检测到了16种正常基因，除了其中一种外，其他所有基因在杂合子中和在本物种中所表现出的效果是相同的。由此可知，这16种正常基因，对于另一物种的显性突变基因来说，是隐性的。

　　将突变型simulans果蝇和melanogaster果蝇交配，在所测试的20个例子中，已证实了这两个物种的突变性状是相同的。

　　这个结果，确证了这两种果蝇的突变基因具有一致性，并使我们能够发现这两种类型是否属于同一连锁群内，以及在各个连锁群内是否位于同样的相对位置。虚线所成的图表（如图59），是斯特蒂文特的研究成果，用于展现相同突变的基因轨迹的相对位置。在第一染色体中，基因轨迹高度一致；在第二染色体中，只检测到两个相同的基因位；在第三染色体中，染色体轨迹十分不一致。第三染色体的结果也许可以作如下解释：此染色体上有一片段发生了倒置，因此基因位也颠倒了。

斯特蒂文特的研究结果，
不仅对其观点本身很重要，且
对于如下观点的确定也颇有裨
益，即在连锁群内，不同物种
中位于同一相对位置的相似突
变基因，实则是相同的基因。
但如果没有让它们像simulans果
蝇和突变型melanogaster果蝇那
样杂交的话，那么，这些基因
的同一性就留有些许疑问。因
为以前也出现过不完全相同却
又特别相似的突变基因，加之
有时基因在相同的连锁群中会相距较近[1]。

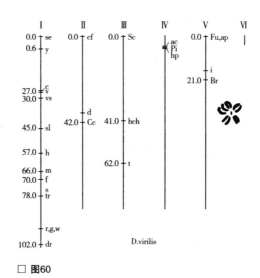

□ **图60**

virilis果蝇中6条染色体上突变基因所在的位置。

对另外两种果蝇的研究，进展也是有的，至少二者的比较很有意思。
梅茨和韦恩斯坦（Weinstein）在virilis果蝇实验中，确定了几个突变基因的位
置，此外，梅茨还对virilis果蝇的基因系的次序和melanogaster果蝇的基因系的
次序做了比较。在virilis果蝇的X染色体上有五种明显相似的突变基因，它们
分别是黄身（y）、缺横翅（c）、焦毛（si）、细翅（m）和叉毛（f），其排
列顺序与melanogaster果蝇的一样。

根据遗传学资料，一种obscura果蝇的性染色体是melanogaster果蝇性染色
体的两倍长（如图61）。极有可能，黄身、白眼、盾片和缺翅这四种突变性
状的突变基因是位于这条长染色体的中间部分，其突变性状与melanogaster果

---

〔1〕我们考虑到每个基因可能会有一种单独的效应，这些效应可以使我们更容易鉴
别出基因。

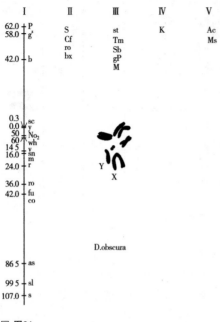

I	II	III	IV	V
62.0 ─ P	S	st	K	Ac
58.0 ─ gˢ	Cf	Tm		Ms
	ro	Sb		
42.0 ─ b	bx	gP		
		M		

0.3 ─ sc
0.0 ─ y
50 ─ No₂
60 ─ wh
14 5 ─ y
16.0 ─ sn
24.0 ─ r
36.0 ─ ro
42.0 ─ fu
     ─ co

Y
X

D.obscura

86 5 ─ as
99 5 ─ sl
107.0 ─ s

□ **图61**

　　obscura果蝇染色体上突变基因的位置。其基因位与melanogaster果蝇的基因位是相符合的，sc=盾片、y=黄身、No₂=缺翅、w=白眼。

遗传学，而非细胞学。

蝇的尾部较短的性染色体一端所有的突变性状是相同的。有关此类基因关系的问题，兰斯菲尔德（Lancefield）还在继续仔细地研究。

　　通过以上这些结果和其他论证，当单单从染色体群组中得出系统发生的结论时，我们理应格外谨慎，因为单从果蝇这方面的证据就可以看到，在亲缘极其相近的果蝇中，相同染色体上的基因可以按照不同的顺序排列。相似的染色体组，有时可能包含不同的基因组合。既然更重要的是基因而不是染色体，那么我们对于遗传结构的最后分析，一定是

第八章　四倍体

　　四倍体细胞的生成是由于细胞分裂之后，细胞质的分离受到压制（导致一个细胞在分裂后没有分离开来），于是细胞的染色体数目加倍。这样得来的四倍体细胞最终可能形成整个植株，可能仅仅形成中心柱，也可能形成新植株中的其他任何部位。

我们已经计算过上千种动物的染色体
数目，同样也可能计算过上千种乃至更多
的植物的染色体数目。其中两三个物种只
含一对染色体，而较为极端的情况是，有
的物种含一百多条染色体。不管染色体数
目是多是少，每一物种所含的染色体数目
都是恒定的。

染色体有时呈不规则分布，但大多数
通常会按照某种方法自动矫正。亦已证实
的是，在一两个特例中，会出现染色体数
目的轻微变化，例如在Metapodius中，可能
会存在一条或几条多余的小染色体，有时
是几条Y染色体，有时是一条称之为M的
染色体（如图62）。如同威尔逊（Wilson）
所展示的那样，这些染色体在性状上并没
有引起相应的变异，所以我们不妨将它们
当作一些无关紧要的、活动性不强的物种来看待。

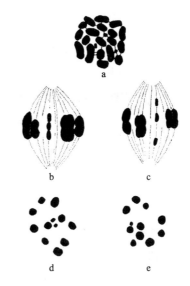

□ **图62**

Metapodius的染色体。图a为带三条小
M染色体的精原细胞；图b和图c为精母细胞
的侧面图；图d和图e为两条M染色体去向一
极，另一条M染色体去向另外一极（图c中细
胞分裂后期的赤道面）。

染色体相互连接的方式，可能会使一条或者数条染色体减少，但整体的
基因仍然会保留下来；同样，也可能会出现染色体断裂的情况，从而暂时增
加一条或几条染色体，但整体基因也会保留下来。[1]最后，某些物种的雌

---

〔1〕汉斯（Hance）描述过待霄草的染色体有时会出现断裂成片段的现象。赛雷尔
（Seiler）也描述过灯蛾（Phragmatobia）和其他蛾类中的些许个例，其中，一些染色体在
卵细胞和精细胞中是连接在一起的，而在胚胎细胞内又分离开来。在蜜蜂的所有体细胞
内，每一条染色体都被假定是断成两段。在蝇类或其他动物的一些体细胞中，染色体
会分裂而细胞未分裂，这种方式使染色体数目增加到二倍或四倍。

性比雄性会多一条染色体；另有物种则相反，雄性比雌性多一条染色体。针对所有这些情况，我们已做过广泛研究，且为细胞学学者所熟知。这些特例的出现，并不会使如下的陈述归于无效，即每一物种都有一定数目的染色体，且数目恒定[1]。

某些物种可能突然出现有些个体的染色体数目增长到该物种恒定数目的两倍的现象，近年来，这样的例子越来越多。这就是四倍体。我们也发现了其他多倍体，有一部分是自发出现的，有一部分是从四倍体中分裂出来的，我们将其统称为多倍体。在这些多倍体中，四倍体在很多方面都是最有趣的。

确切已知的四倍体动物，只有三种。寄生在马体内的被称为马蛔虫的线虫，其染色体数目有两种类型：一种含有两条染色体，另一种含有四条染色体。这两种类型彼此相似，甚至细胞的大小也相差无几。马蛔虫的染色体被视为合成物，由许多较小的染色体连合组成，这些较小的染色体有时被称为染色粒。在形成体细胞的胚胎细胞内，每一条染色体都会分裂为它的组成成分（如图63a，图63b，图63c）。这些组成成分在数目上恒定，或者保持一个常数，如二价染色体组成成分的总数是单价染色体的两倍。这一结果，支持了如下观点：二价染色体组成成分的总数比单价染色体的多一倍，但二价染色体不是由单价染色体一分为二而来的。

据阿尔托姆（C. Artom）所说，海虾（salina）是另一种形式的四倍体。它

---

〔1〕近年来，德拉瓦莱（Della Valle）和霍瓦斯（Hovasse）否定了不同体细胞中染色体数目保持恒定这一观点。他们的这个结论，是以两栖类的体细胞方面的研究为基础的。然而两栖动物的染色体数目过多，很难去界定其精确度，所以其结论不足以去推翻其他生物（甚至一些两栖动物）的绝大多数观察结果。在这些生物中，染色体的数目是可以被精确确定的。我们也知道，要么细胞未分裂而染色体分裂，要么染色体分裂，但都能得到一个恒定数量的染色体。在某些组织中，染色体的数目可以变为原染色体数目的两倍或者四倍。但这些特殊的例子，都不足以影响一般情况。

有两个种族，其一有42条染色体，其二有84条染色体（如图64）。后者是通过单性生殖进行繁殖的。不难想象，在这种情况下，四倍体是源于原来单性繁殖的变体。这是因为，卵细胞可以在保留一个极体的情况下使得染色体数目加倍，或者是由于第一次细胞核分裂后染色体未分裂而保持这种双倍状态的。

德弗里斯最早发现了植物中的四倍体，并将其命名为巨型待霄草（如图42）。起初，人们并不知道这些巨型待霄草是四倍体类型，但德弗里斯观察到，它比祖代植株（拉马克待霄草）更显矮胖，而且在其他性状上也有些许不同。后来，我们才弄清楚巨型待霄草的染色体数目。

拉马克待霄草有14条二价染色体，巨型待霄草有28条二价染色体（如图65）。

盖茨（Gates）测量过巨型待霄草的不同组织细胞。巨型待霄草药囊表层细胞的体积几乎是普通待霄草的4倍；柱头表层细胞是普通型的3倍；花瓣表层细胞是普通型的2倍；花粉母细胞是普通型的1.5倍；花粉细胞的细胞核是普通型的2倍。同样，这两种待霄草的细胞，有时在外形上也有

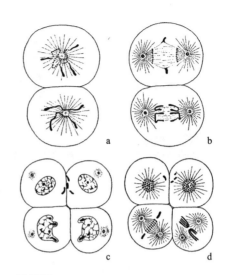

□ **图63**

带两条染色体的单价型蛔虫卵细胞的最初两次分裂。图a和图b为一个细胞中两条染色体的断裂生殖；图d为三个细胞的染色体的断裂生殖，第四个细胞完好无损，后者产生生殖细胞。

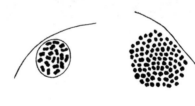

单倍体21（二倍体42）　　　　二倍体84

□ **图64**

左图为二倍体salina海虾经减数分裂所得的染色体，右图为四倍体salina海虾的染色体。

□ 图65

　　图a为拉马克待霄草的14条二价染色体；图b为巨型待霄草的28条二价染色体。

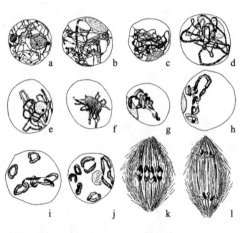

□ 图66

　　franciscana待霄草花粉细胞的成熟过程。

显著区别。大多数拉马克待霄草产生三叶的盘状花粉，而一些巨型待霄草则产生四叶状的花粉。

　　盖茨、戴维斯（Davis）、克莱兰德（J. Cleland）和博迪恩（Boedijn）对花粉母细胞的成熟期做过研究。根据盖茨的研究报告，拉马克待霄草的巨型品种（gemini）含14组二价染色体。在第一次成熟分裂时，每条二价染色体的两半分别进入每一个子细胞内；在第二次成熟分裂时，每条染色体纵裂成两条，致使花粉粒内各含14条染色体。他还假定，在胚珠成熟时期，同样会发生相似的过程。戴维斯指出，当拉马克待霄草的染色体从混乱无序的状态中出现时，染色体的连合略显参差不齐，且不会严格地一一平行排列。之后，这些染色体分别进入一极，完成减数分裂。根据克莱兰德近来的报告，在另一种二倍体待霄草（franciscana）中，当染色体进入成熟的纺锤体时，它们相互间会首尾相连（如图66）。在戴维斯早期发表的图片中，有一些染色体大致也是首尾相连的。

近年来，在其他雌雄同株的显花植物[1]中，人们发现了一些四倍体植株。因为在雌雄同株[2]的植株中，卵子和花粉都是由同一植株产生的，所以很明显，雌雄同株的应该会比雌雄异株的产生更多的四倍体植株。因此，如果一个植株最开始就是四倍体，那么它会产生有二倍数目染色体的卵细胞和花粉细胞。而经过自体受精、自花授粉的植株又会得到一个四倍体植株。反之，如果动物或植物是雌雄异体或雌雄异株，那么某个体的卵细胞或是卵子势必会和另一个体的精细胞或是花粉细胞结合。现在，如果一个四倍体的雌性，其成熟的卵子含有两倍数目的染色体，卵子一般情况下会与一个正常雄性的单倍型精子结合，结果所得只会是三倍体。要从一个三倍体回复到四倍体，机会是很渺茫的。

在谱系培养中所得的四倍体，在说明四倍体的起源方面，比偶然发现的四倍体所提供的信息更精确。事实上，已有案例说明四倍体是在人工控制的条件下产生的。格雷戈里（Gregory）在报春花（sinensis）中发现了两种巨型品种，其中一种出现于两株二倍体植株的杂交过程中。因为祖代植株中含有已知的遗传因子，这使得格雷戈里得以对此四倍体的遗传性状予以研究。这是否说明四条染色体中的某一条只能和另外三条中某一特定的相似染色体接合，还是说某一给定的染色体可以与这一组中剩下的三条染色体中的任意一条染色体接合？格雷戈里的研究结果尚未作出判定。而穆勒（Muller）在分

---

〔1〕显花植物：形成花的植物综合分类群的总称，隐花植物的对应词。在早期，显花植物是一个广义的概念，是裸子植物和被子植物的总称，但是裸子植物的孢子叶球（球花）严格说来还不能看作真正的花，所以现在多数学者都采用狭义的概念，即有花植物或显花植物都仅指被子植物，而不包括裸子植物。现在多将显花植物改称为种子植物。

〔2〕雌雄同株：生物学术语，是指一株植物的花既有雌蕊，也有雄蕊。而这又分两种情况：其一，雌蕊与雄蕊分在两种（朵）花上，这种叫单性花，就像玉米；其二，雌蕊与雄蕊在同一朵花上，这叫两性花，就像桃花。雌雄同株为雌雄异株的对应词。

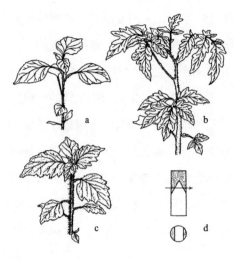

□ **图67**

图a为龙葵幼苗；图b为番茄幼苗；图c为tubingense
幼苗（嫁接杂合子）；图d为嫁接方法。

析了同样的数据之后指出，后一
种随机接合更为可信。

通过嫁接方式，温克勒
（Winkler）得到了一株巨型龙葵
（nigrum）[1]和一株巨型番茄
（lycopersicum）。据目前所知，
嫁接作用与产生四倍体是没有直
接关系的。

得到四倍体龙葵的方法如
下：取一小段番茄幼苗，将其嫁
接于龙葵幼茎上，并将龙葵的所
有腋芽切除。十天后，将龙葵的
嫁接层横切（如图67）。之后，
在龙葵裸露层的愈合组织上会长出若干不定芽。由此长成的植株，会有一株
是嵌合体，也就是说，它的一部分组织是龙葵，一部分组织是番茄。将这一
株嵌合体取出，让其繁殖。在新植株的一部分腋芽中，会有番茄的皮层和龙
葵的中心柱。将这些含此腋芽的枝条取出并种植。所得的小植株与其他已知
的二倍嵌合体是有所不同的，这使人怀疑这种新类型的植株是否存在四倍体
中心柱。检查的结果证实了这一点。将（种植所得的）嵌合体的顶端切除，
下半部分的腋芽也摘除。在愈合组织的不定芽中，我们得到了从上到下都
是四倍体的新植株。图68右侧为巨型龙葵，左侧为正常型（二倍体）或祖代
型龙葵。图69右上侧左右分别为亲型花（正常型）和巨型花；图69左上侧分

[1]龙葵：茄科茄属植物，又称为黑星星、野海椒、石海椒和野伞子。

别是亲型苗（正常型）和巨型苗。图69下半部分显示了一些组织细胞的差异：左下角所示为巨型叶的栅状细胞和亲型叶的栅状细胞；右侧偏上所示为巨型气孔的保卫细胞和亲型气孔的保卫细胞；右侧偏下所示为巨型的毛发细胞和亲型的毛发细胞。巨型的髓细胞要比正常型的大些。图的下半部分中间两个细胞，靠左的是亲型花粉粒，靠右的是巨型花粉粒。

□ **图68**

左侧为正常型二倍体祖龙葵；右侧为四倍体龙葵。

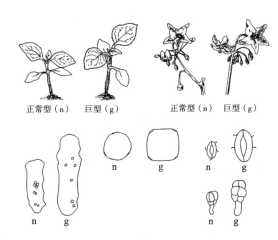

正常型（n） 巨型（g） 正常型（n） 巨型（g）

n g n g n g

n g n g

□ **图69**

图上端左侧为二倍体和四倍体植株的幼苗；右侧为二倍体和四倍体植株的花朵。图下端为组织细胞，左侧为栅状细胞；中部为花粉粒；右侧上为气孔的保卫细胞，下为毛发细胞。

照以下方法也得到了一株四倍体番茄植株。以常规的方式将番茄幼苗的一段幼株嫁接到龙葵的砧木[1]上（如图67）。当两者完全连合之后，在两株植物的连合部分横切出一道口，并将砧木上的腋芽摘去。在切口的表面，新

---

[1] 砧木一般用于嫁接，并不是指具体的某一树种，它所指的树有很多种，只要能进行嫁接的都被称为砧木。一般进行嫁接的砧木，都要和被嫁接的植物同属于一种，这样嫁接才会成功。

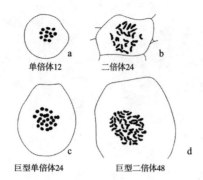

□ **图70**

图a为（正常型）龙葵单倍体细胞及其染色体；图b为（正常型）龙葵二倍体细胞及其染色体；图c为（巨型）龙葵单倍体细胞及其染色体；图d为（巨型）龙葵二倍体细胞及其染色体。

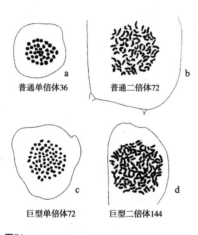

□ **图71**

图a为（正常型）番茄单倍体细胞及其染色体；图b为（正常型）番茄二倍体细胞及其染色体；图c为（巨型）番茄单倍体细胞及其染色体；图d为（巨型）番茄二倍体细胞及其染色体。

芽会从愈合组织所在位置萌发出来。将这些新芽予以移植。其中一株有的表层由龙葵的细胞组成，中心柱由番茄的细胞组成。进一步检测发现，表层细胞为二倍体，中心柱细胞为四倍体。为了从合成植株中得到一株所有部位都是四倍体的植株，将这株新植株嵌合体的茎干横切，并将其切口下端的腋芽摘去。新的不定芽会在切口表面长出，芽体内外大部分都是番茄组织。巨型番茄植株与其亲代植株的差异[1]，同巨型龙葵与其亲代的差异，是一样的。

二倍体龙葵含有24条染色体，其单倍数为12；四倍体龙葵含有48条染色体，其单倍数为24。二倍体番茄含有72条染色体（单倍数为36）；四倍体番茄含有144条染色体（单倍数为72）。它们的染色体如图70和图71所示。

正如前述，就我们所知的这些例子而言，我们还不知道嫁接与

---

〔1〕即巨型番茄的细胞要比亲代番茄的大。

愈合组织内四倍体细胞有何明确的关系。这些四倍体细胞是如何生成的，也尚未确定。正如温克勒某次所推想的那样，有可能是愈合植株的两个细胞融合到一起所致。但更大的一种可能性是，四倍体细胞的生成是由于细胞在分裂时，细胞质的分离受到压制（导致细胞在分裂后没有分离开来），于是细胞中的染色体数目加倍。这样产生的四倍体细胞最终可能形成整个植株，可能仅仅形成中心柱，也可能形成新植株中的其他任何部分。

□ **图72**

上半部分为曼陀罗的二倍体植株，下半部分为曼陀罗的四倍体植株。

布莱克斯利（Blakeslee）、贝林（J. Belling）和法尔姆（Farnham）发现了四倍体的普通曼陀罗杂草（stramonium）[1]（如图72）。在外形上，它为与普通二倍体曼陀罗有着几个方面的差异。图73所示为二倍体曼陀罗（第2列）和四倍体曼陀罗（第4列）在蒴果[2]、花朵和雄蕊方面的差异。

曼陀罗的二倍体植株中含有12对染色体（24条染色体），据贝林和布莱克斯利所说，这些染色体按体积大小可以排列成六种型号（如图74），分别

---

〔1〕曼陀罗：茄科曼陀罗属植物，草本或半灌木状，高0.5～1.5米，茎粗壮，圆柱状，淡绿色或带紫色，下部木质化。

〔2〕蒴果：干果的一种，由两个以上的心皮构成，内含许多种子，成熟后裂开，如芝麻、百合、凤仙花等的果实。

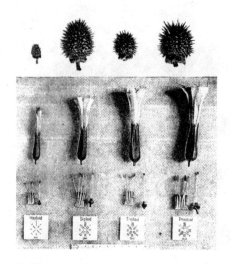

□ **图73**

曼陀罗植株单倍体（第1列）、二倍体（第2列）、三倍体（第3列）和四倍体（第4列）的蒴果、花朵和雄蕊（从上往下排）。

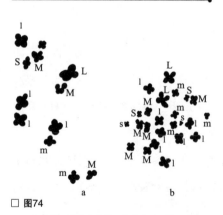

□ **图74**

图a为带12条染色体的二倍体曼陀罗第二次细胞分裂中期的染色体群；图b为带24条染色体的四倍体曼陀罗相应的染色体群。

为大号（L和l）、中号（M和m）和小号（S和s），其公式为2（L＋4l＋3M＋2m＋S＋s）。单倍染色体组的公式为L＋4l＋3M＋2m＋S＋s。这些染色体临近第一次成熟分裂时（前期），会按成对模式形成环状，或是以一端相连接（如图75，第2列）。之后，每一对染色体中，都会有一条接合体去向一极，剩下的一条接合体去向相反的一极。在第二次成熟分裂之前，每条染色体会中断（成两截），产生如图74a所示的样子。中断后的染色体，一半会进入纺锤体的一极，剩下的另一半会进入纺锤体的另一极。这样一来，每个子细胞都会有12条染色体。

曼陀罗的四倍体植株，含有24对染色体或48条染色体。在它们进入第一次成熟的纺锤体之前，会四条四条地聚在一起（如图75和图76）。从两图中可以看到四价群内染色体的不同组合方式。它们会以这种形态进入第一次成熟的纺锤体。在第一次成熟分裂时期，四价染色体中的两条染色体一起进入一极，另外两条一起进入相反的一极（如图

75）。这样一来，每颗花粉粒都会含有24条染色体。不过，有时也会出现三条染色体去向一极，剩下一条染色体去向另一极的情况。

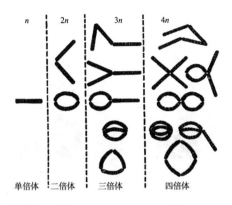

□ **图75**
　　二倍体、三倍体和四倍体曼陀罗的染色体的接合方式。

图74b所示为第二次成熟分裂时的24条染色体。它们同那些处于同一时期的二倍体相似。每条染色体中有一半会去向一极，另一半去向相反的一极。根据贝林的记载，按规则分布的染色体占68%，即每一极都有24条染色体（24+24）；23条染色体去向一极，25条染色体去向相反的一极（23+25），占30%；还有2%的情况是22条染色体去向一极，26条染色体去向相反的一极（22+26）；仅有1例，一极是21条，另一极是27条。以上结果显示，在四倍体曼陀罗的减数分裂中，染色体的不规则分布实则是不常见的。这一点可以用四倍体自体

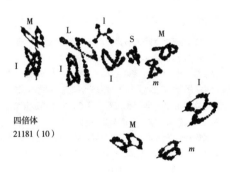

□ **图76**
　　四倍体曼陀罗的染色体互相接合，四条相似的染色体接合到一起，形成一组四价染色体。

受精来检验。当自体受精所得到的子代成熟后，对其生殖细胞内的染色体数目加以计算，结果是：有55株植物各含48条染色体；5株植物各含49条染色体；1株植物含47条染色体；另1株含46条。如果染色体在卵细胞中的分布和染色体在花粉细胞中的分布是相似的，那么含24条染色体的生殖细胞就有极大可能幸存下来，并起作用。当某些植株有多于48条的染色体时，或许会因

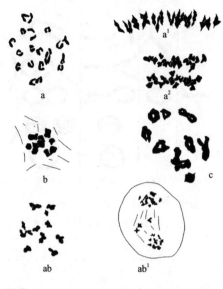

□ **图77**

图a为多年生墨西哥大刍草第一次成熟分裂前期，有19条二价染色体和2条单染色体；图a¹为（大刍草第一次成熟）分裂中期；图a²为（大刍草第一次成熟）分裂后期。图b为玉蜀黍第一次成熟分裂前期，有10条二价染色体。图c为一年生墨西哥大刍草第一次成熟分裂前期，有10条染色体。图ab为多年生大刍草和玉蜀黍杂交后所得杂合子的第一次成熟分裂前期，有3条三价染色体，8条二价染色体和5条单染色体。图ab¹同上，为（杂合子）细胞第一次成熟分裂后期。

为出现了多余的染色体而得到染色体分布更不规则的新型植株。

德摩尔（de Mol）对四倍体水仙（Narcissus）发表过如下报告。二倍体的水仙含14条染色体（7对），然而在栽培出的两株水仙变体中，含28条染色体。德摩尔指出，在1885年之前，主要栽培的是矮小的二倍体变种水仙；在1885年后，才有了稍大的三倍体水仙；最后，约在1899年，方才有了第一株四倍体水仙。

据郎利（Longley）所说，多年生[1]墨西哥大刍草[2]的染色体数目是一年生[3]墨西哥大刍草的两倍。多年生大刍草有40条染色体（如图77a）；一年生大刍草有20条染色体（如图77c）。

郎利让这两种大刍草分别和含有20条染色体的玉蜀黍杂交（如图77b）。一年

---

〔1〕多年生植物是指个体寿命超过两年以上的植物。木本植物都是多年生植物，如地上部分为多年生的，均为乔木和灌木，如地上部分为一年生的，即为半灌木。大多数多年生植物在一生中多次开花结实，但也有一生中只开花结实一次的，如竹子、龙舌兰等。

〔2〕墨西哥大刍草：又名墨西哥野玉米，是禾本科类蜀黍属植物，一年生高大草本。

〔3〕一年生植物，指在一年期间发芽、生长、开花然后死亡的植物。此类植物皆为草本，因此又常称为一年生草本（植物）。

生大刍草和玉蜀黍所得杂合子有20条染色体。杂交种在花粉母细胞成熟期，会有10条二价染色体。这些二价染色体随花粉母细胞的成熟而分裂开来，分别进入两极。这意味着来自一年生大刍草的10条染色体与来自玉蜀黍的10条染色体互相接合到了一起。如果将多年生大刍草和玉蜀黍杂交，所得杂合子有30条染色体。在杂合子花粉母细胞成熟期，他发现其染色体也是相互接合的，不过有的是两条接合在一起，有的是三条接合在一起，也有剩下来没有与其他染色体接合的（如图77ab）。后来分裂中的错乱情况，正是由此所致（如图77ab^1）。

在雌雄同株的植物中，当性别决定的问题并不涉及分化性的性染色体时，它的四倍体是平衡且稳定的。平衡，是因为四倍体基因之间的数字关系与二倍体或正常型基因之间的数字关系是一样的。稳定，是因为成熟的分裂机制一旦确立，之后就会一直保留下去。

早在1907年，埃利（Elie）和埃米尔（Emlie）就从人工种植的藓类植物[1]中培育出了四倍体。每株藓类植株都有两代。一代是单倍原丝体[2]（配子体[3]），产生卵子和精子；一代是二倍体（孢子体），产生无性孢子[4]（如图78）。

---

〔1〕藓类植物：一群小型的高等植物，没有真根和维管组织的分化，多生于阴湿环境，具有配子体世代占优的独特生活史。配子体产生性器官（精子器和颈卵器）和配子（精子和卵子）；孢子体产生孢子，但它们不能独立生存，必须依赖配子体提供水分和营养物质。

〔2〕原丝体：大多数苔藓类植物（主要是藓类）的孢子萌发后首先产生的一个有分枝且含有叶绿体的丝状体或片状体，也称为叶状体。原丝体能独立存活，它进一步分化形成具有性器官的配子体。原丝体细胞都为单倍体。

〔3〕配子体：在植物世代交替的生活史中，能产生配子和具有单倍数染色体的植物体。苔藓类植物配子体世代发达，常见的植物体为其配子体，孢子体寄生在它上面。蕨类植物的配子体称原叶体，虽能独立存活，但演变存活期短，跟孢子体相比，不占优势。植物的配子体是由单倍体孢子经有丝分裂产生的。

〔4〕孢子：细菌、原生动物、真菌和植物等产生的一种有繁殖或休眠作用的生殖细胞，它能直接发育成新个体。

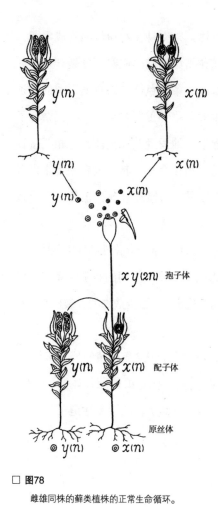

□ 图78

雌雄同株的藓类植株的正常生命循环。

如若将孢子体的一段置于潮湿的环境中，会得到二倍型细丝细胞。这些细丝，会发育成真正的原丝体，且原丝体迟早会产生二倍型卵子和二倍型精子。若将这两种生殖细胞结合在一起，会形成四倍型孢子体植株（如图79）。在这一过程中，正常单倍体植株被复制，以得到二倍型原丝体和苔藓植株；将二倍型孢子体复制，以得到四倍型孢子体。

马夏尔夫妇对正常型植株和四倍体植株的细胞大小做了对比测量。正常型的花被细胞的体积和四倍体的同类细胞的体积比，经测量有三种：1：2.3，1：1.8和1：2。二者的精子器细胞的体积比为1：1.8，精细胞核的体积比为1：2，卵细胞的体积比为1：1.9。对精子器（携带精液）和颈卵器（携带卵子）[1]予以测量后，他们发现在所有例子里，四倍体的精子器和颈卵器都比正常型的精子器和颈卵器更长、更宽。很明显，四倍体植株体形的增大是因为细胞体积增大，而细胞体积增大是因为细胞核增大。其

---

〔1〕对于低等植物来说，不存在生殖器，只存在生殖组织——精子器和颈卵器，精子器产生精子，颈卵器产生卵子，二者结合成孢子之后飞散出去。

他证据显示，四倍体的细胞核是正常型细胞核的两倍。这当然是意料之中的，因为四倍体是从正常型孢子体再生出来的。

在孢子体的世代中，2n孢子的母细胞与4n孢子的母细胞体积比为1∶2。

藓类植株紧跟着染色体接合之后的两次成熟分裂，发生于孢子在孢子体内成形之时。每个孢子母细胞产生四个孢子，如果藓类植株的染色体上携带基因，那么，预计四倍体的所有加倍染色体将会产生不同于正常型的比例。虽然维特斯坦（Wettstein）在几种藓类杂交中找到了基因遗传的明显证据，艾伦（Allen）也在藓类的亲缘种群中发现了配子体两种性状的遗传学证据，但至今为止，在遗传学方向上的成就仍然很少。

马夏尔夫妇、艾伦、斯密特（Schmidt）和维特斯坦已经分别证明：在雌雄异株的藓类植物或是某些苔类植物中，在其孢子成形的同时，性别的决定因子也会分离开来。

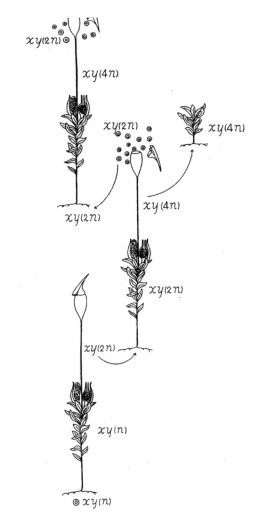

□ **图79**

　　雌雄异株的藓类，一段2n的孢子体再生，形成二倍型原丝体（2n），2n配子体通过自交，产生四倍体或4n孢子体，四倍体再生，产生四倍型配子体。

他们的观察和实验，将在有关性别的一章中作出说明。

许多关于四倍体细胞的体积的重要问题，应着眼于胚胎学，而不是遗传学。一般说来，四倍体细胞会更大，通常是正常型的两倍，但不同组织中的细胞，体积差异也颇悬殊。

四倍体植株整体的大小和其他一些特性，似乎是受到细胞增大的影响。如果这条解释成立，就意味着这些特性源于后天发育，而非得自遗传。我们对四倍体的产生形式有过一些讨论。上面提及的关于四倍体细胞内的细胞质总量是如何增加的理论，尚待进一步的研究。

若同一物种的两个细胞会融合，那么细胞核迟早也会融合，也有可能由此产生四倍体细胞。若四倍体细胞在发育期继续保持两倍大的体积，预计会得到比正常型大一倍的卵细胞，所得大型胚胎的细胞数和正常胚胎特有的细胞数相同。

另有一种可能的解释是，四倍体生殖细胞的体积在其二倍体母株的生殖细胞内，可能不会增至两倍。这样，虽然其卵细胞含有两倍的染色体，也不会大过正常型的卵细胞。从该卵细胞发育而来的胚胎，在能够从外界获取食物的胚胎后期或幼虫期到来之前，也许难以从外界摄取足够的营养去增大其细胞体积。至于发育后期，在每个细胞中的双组染色体是否会扩大每一个细胞的细胞质，尚不能确定。不过，下一代的卵子在母体中开始发育时，就有了一组四倍染色体。所以，卵细胞在分裂前发育出两倍大的体积，也是有可能的。

或许，我们不能认定，成熟的卵细胞在受精之后，随着染色体的数目加倍，细胞质也会迅速增加。动物胚胎在开始形成器官之前，经历了一定次数的细胞分裂。如果一个胚胎始于一个正常大小的卵细胞，却有着两倍数量的染色体，如果两倍数目的染色体使卵细胞分裂期比正常卵细胞终止得早，从而开始形成器官，那么，这样的四倍体胚胎的细胞，就会比正常胚胎的细胞大一倍，但其细胞数量只及正常胚胎的一半。

空间宽裕、食物充足的显花植株胚囊（卵细胞发育的地方），可能会为卵细胞发育出大量的细胞质提供更有利的机会。

四倍体是物种增加基因数量的方法之一

从进化论的视角来考量，四倍体最有趣的地方之一，便是四倍体似乎为新基因数量的增加提供了机会。如果染色体数目加倍，能得到稳定的新型，又如果加倍之后，四条相同的染色体随着时间的推进，出现了些许差异，以至有两条染色体变得异常相似，而另外两条也变得相似起来，在这种情况下，除了许多基因仍然保持不变之外，四倍体势必在遗传上和（亲代的）二倍体相似。在每一组四价染色体中，将会呈现出很多相似的基因，而且当其个体中出现了一组基因是杂合子的类型时，子二代预计会出现孟德尔式比例的15∶1，而非3∶1。事实上，这样的比例也在小麦和荠中出现过。但染色体的四倍性是否能解释上述结果，或者是否还有别的方法使染色体加倍，我们尚不知晓。

总之，在我们知道更多的关于基因如何增加的方式之前（如果现在还有新基因出现的话），想利用四倍性来解释基因数量的增加，这确实有点冒险。我们所能确定的是，在雌雄同株的植物中，新的类型或许是以四倍体的途径形成的。然而在雌雄异体的动物中，四倍体的这条途径多半是行不通的（除开单性生殖的物种）。正如上面所说，当四倍体与正常型即二倍体杂交之后，四倍性就会丢失，而且其后代不太容易恢复成四倍体。

第九章　三倍体

　　由于基因间的平衡得以保持，我们预计三倍体胚胎的发育应当是正常的。唯一的不和谐因素，可能是三组染色体与遗传所得的细胞质分量两者间的关系。生物自身的调控作用，影响有多深远，我们还不怎么明确，但可以总结如下：至少在植物中，三倍体的细胞要比正常型（二倍体）的细胞大。

　　在近期的著作中，有大量关于三倍体[1]的记录。这些三倍体，有一部分是从已知的二倍体中产生的，有一部分是从培育植株中发现的，还有一部分是在野生状态下发现的。

　　盖茨和卢茨（A. Lutz）描述过有着21条染色体的三倍体待霄草（半巨型）。随后，德弗里斯、范·欧沃瑞姆（van Overeem）和其他学者也对三倍体待霄草有过描述。三倍体待霄草的产生是由于二倍体与单倍体生殖细胞的融合。

　　盖茨、海尔茨（Geerts）和范·欧沃瑞姆分别对成熟期三倍型染色体的分布状况做了研究。他们发现，在一些例子中减数分裂时期的染色体分布很规律，然而在另外一些例子中，有些染色体却被丢弃，后期便退化了。卢茨女士发现，实际上由三倍体产生的后代有很大变异。盖茨对有着21条染色体的植物做了记录，由第一次成熟分裂所得的两个子细胞含有"几乎恒定"的10条染色体和11条染色体，而含有9条染色体和12条染色体的情况十分罕见。海尔茨发现了更多的染色体不规则分布的现象。他指出，有7对染色体通常会分别去向每一极，剩余的不成对的7条染色体会不规则地分布到两极。他的这一发现，符合7条染色体会和另外7条染色体接合，其余7条染色体找不到接合对象的情况。范·欧沃瑞姆表示，如果用三倍体待霄草做母株，结果证明，不管孤立无偶的染色体的分布如何不规则，大多数胚珠都是有用的。换句话说，所有或大多数不同的卵细胞群会存活下来，并有可能受精，结果导致许多有着不同染色体组合的各种各样的植株出现了。另一方面，如若使

---

　　〔1〕三倍体：遗传学名词，是指含有三组染色体的细胞或生物。三倍体生物因难以进行减数分裂形成配子，故常不育。

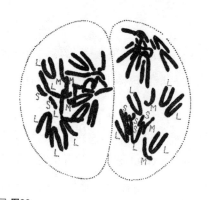

□ 图80

风信子花粉母细胞的三倍型染色体群。

用三倍体待霄草的花粉，结果显示只有这些含7条染色体或是14条染色体的花粉会继续完成受精。而含中间数目染色体的花粉粒，大多不能继续完成受精。

德摩尔在栽培风信子[1]时，发现了三倍体。根据他的陈述，出于商业需求，这些三倍体风信子正在取代以前的老品种。一些风信子衍生品种含有三倍左右的染色体，它们成为了现代培育品种的重要部分。由于风信子是用球茎繁殖的，所以任何特殊的品种都能继续繁育。德摩尔对正常型风信子和三倍体风信子的成熟生殖细胞做了研究（如图80）。正常型二倍体风信子的成熟细胞有8条长染色体，4条中等染色体和4条短染色体。其得出的单倍型生殖细胞含有4条长染色体，2条中等染色体和2条短染色体。德摩尔和贝林都指出，"正常型"或许早已经是四倍体了，因为在减数分裂后所得的子细胞中，每一种长度的染色体都有2条。如果真是如此，所谓的三倍体很有可能就是双重三倍体，因为它有12条长染色体，6条中等染色体和6条短染色体。

贝林也对变种三倍体美人蕉（Canna）的成熟分裂做过研究，他发现各种大小的染色体都是以三条为一组存在的。当三条染色体分离时，一般情况下，都是两条一起进入一极，另外一条进入另外一极，但因为不同类型的染

---

〔1〕风信子：天门冬目风信子科风信子属，多年草本球根类植物，鳞茎卵形，有膜质外皮，皮膜颜色与花色呈正相关，未开花时形如大蒜，原产地中海沿岸及小亚细亚一带，喜阳光充足和比较湿润的生长环境，要求排水良好和肥沃的沙壤土等。

色体的分布方式是随机的，以至于分裂后的姐妹细胞中只有极少数会成为一个二倍型细胞和一个单倍型细胞。

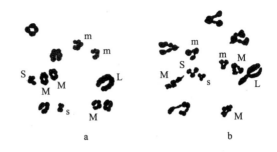

布莱克斯利、贝林和费恩曼（Farnham）报告过一种三倍体曼陀罗。它是由正常型二倍体和四倍体植株受精而得来的。正常型二倍体植株中有24条染色体（n=12）（如图81a）。三倍体植株有36条染色体（n=18）（如图81b）。单倍染色体群组成有：1条超大号（L），4条大号（l），3条中等偏大号（M），2条中等偏小号（m），1条小号（S）和1条超小号（s）。因此，二倍型染色体群为2（L + 4l + 3M + 2m + S + s），再推之，三倍型染色体群组便是三倍这种搭配。

贝林和布莱克斯利对三倍体物种的成熟分裂做过研究。减数分裂后的染色体群有12组染色体，每组3条（如图81b）。这些三价染色体群间的体积比和二倍体的二价染色体群间的体积比相同，即它们都仅由相同的染色体组合而成，并以图示中不同的方式接合。例如有两条染色体两端相连，另一条染色体只有一端与其他两条相连，等等。

在第一次分裂时，每组三价染色体中的两条去向纺锤体的一极，另外一条去向另外一极（如图75，第3列），不同类的三价染色体再次随机组合，进而得出若干不同的染色体组合。表2所记录的，是三倍体曼陀罗84个花粉母细胞所含的染色体数目。实验结果与随机组合预计得出的数字高度吻合。

表2 三倍体曼陀罗84个花粉母细胞的染色体组合

染色体组合方式	第二次分裂中期						
	12 + 24	13 + 23	14 + 22	15 + 21	16 + 20	17 + 19	18 + 18
两群的实际数目	1	1	6	13	17	26	20
在三价染色体任意分布的基础上推算出来的数字	0.04	0.5	2.7	9.0	20.3	32.5	19.0

　　三倍体偶尔会出现第一次成熟分裂进行不了的情形。短时间的低温处理，有利于阻碍第一次减数分裂的发生。如果在不发生第一次减数分裂的情况下，发生了第二次分裂，染色体会进行均等分裂[1]，得到各含有36条染色体的两个巨型细胞。

　　一般情况下，三倍体所得的花粉很少能用于受精，但其卵细胞大多可用于受精。例如，用正常型植株（2n）给某三倍体植株授粉，所得的正常后代的数量会远远超过三倍体卵细胞和花粉自由授粉时预计所得的数量。

　　布里奇斯发现了三倍体果蝇（如图82）。三倍体含三条X染色体，它们同各类三条常染色体相平衡，所以这些果蝇都是雌性。这种平衡，是产生正常雌性的关键。既然所有染色体的遗传因子是已知的，那么，我们就有可能利用后代性状分布的情况，来研究染色体成熟期内的活动。对交换加以研究，来确定染色体是否是以三条为单位互相配对的，也是有可能的。

　　真正的三倍体果蝇中，既有三组普通染色体也有三条X染色体。反之，若只有两条X染色体，则该个体显示为性中型（中间型）；若只出现一条X染色体，则该个体显示为超雄性。它们的关系如下所示：

　　[1]均等分裂：有丝分裂中姐妹染色单体或减数分裂中同源染色体对等分开的一种分裂方式。

3a+3X=三倍体雌蝇

3a+2X=性中型果蝇

3a+1X=超雄性果蝇

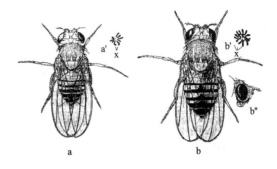

□ **图82**

图a为正常型二倍体果蝇；图b为三倍体果蝇。

在雌雄同体的动物中，研究者发现了另一种在胚胎时期是三倍体的物种。据相关研究，雄性蛔虫的二价型变体，其成熟的卵细胞中含有两条染色体，将这种卵细胞与只含一条染色体的精子结合，最终这些卵细胞都会发育成含三条染色体的胚胎。但这些胚胎在生殖细胞未发育成熟之前就和母体脱离了，所以，并未观察到染色体在接合时期发生融合这一重要特点，也没有发现过成熟的三倍体蛔虫。

还有一种三倍体，是通过将两个二倍体杂交，之后将其杂合子（因为接合和减数分裂没有发生，所以得到的是二倍体的生殖细胞）与亲型原种回交所得。费德莱（Federley）对三种飞蛾做过这种实验，这三种飞蛾的染色体数目如表3所示：

表3　三种蛾类的染色体数目

	二倍体	单倍体
Pygaera anachoreta	60	30
Pygaera curtula	58	29
Pygaera pigra	46	23

前两种蛾的杂合子有59条染色体（30+29）。当这种杂合子的生殖细胞进入成熟期时，其染色体之间不会相互接合。在第一次成熟分裂时期，59条染色体每条都会分裂到两个子细胞中去，每个子细胞都会含有相同的染色体数

目（59）。在第二次减数分裂时，就会出现不规则的性状，每条染色体再次分裂成两条，但这两条染色体一般不会分离。即便如此，子一代雄性中仍有部分是可育的，正如结果所展示的那样，有一部分雄性生殖细胞内含有完整的染色体数目（59）。这样，子一代中的雌性就是不可育的。

如果子一代中的雄蛾与亲代的雌蛾回交，例如，就拿anachoreta蛾来说，其卵细胞中含有30条染色体，所得的子二代杂合子中有89条染色体（59+30），因此，这是一个三倍体杂合子。这些子二代（三倍体）杂合子与子一代（二倍体）杂合子相似。前者拥有两套anachoreta蛾的染色体和一套curtula蛾的染色体。从某种意义来讲，它们是一种永久性的杂合子，尽管在各个世代中，它们的染色体只有半数能彼此接合。例如，当含有89条染色体的杂合子的生殖细胞成熟时，两组anachoreta蛾的染色体（30+30）会彼此接合，而剩下的29条curtula蛾的染色体则保持孤立。第一次分裂使得60条anachoreta蛾的染色体分离开来，而curtula蛾的染色体各自分裂，于是各个子细胞分别得到59条染色体；第二次分裂又使59条染色体各自分裂，所得的生殖细胞中会有59条染色体，且都是二倍型。只要继续回交，就有可能产生三倍型个体。虽然在限定条件下，用这种回交的方法，是有可能维持三倍体品系的，但由于这种杂合子的精子在生成过程中有很多不规则性，加之可能导致杂交的后代没有生殖能力，因此，要在自然条件下，建立稳定的三倍体品系，基本上难以实现。

由于基因间的平衡得以保持，我们预计三倍体胚胎的发育应当是正常的。唯一的不和谐因素，可能是三组染色体与遗传所得的细胞质分量两者间的关系。生物自身的调控作用，影响有多深远，我们还不怎么明确，但可以总结如下：至少在植物中，三倍体的细胞要比正常型（二倍体）的细胞大。

还有一些三倍体是源于两个野生型的杂交，其中某一物种的染色体数是另一物种的两倍，这一点将在下一章节中细讲。

第十章　单倍体

遗传学证据表明，生物的正常发育至少需要一组完整的染色体。只有一组染色体的细胞被称为"单倍型"（haploid）细胞；由多个单倍型细胞组成的个体，有时被称为"单倍体"（haplont）。胚胎学方面的证据同样表明，一组染色体对于生物的发育是很有必要的。然而，并不能据此断言，就所涉及的发育条件来说，单倍体能直接取代二倍体，而不会有任何严重的后果。

遗传学证据表明，生物的正常发育至少需要一组完整的染色体。只有一组染色体的细胞被称为"单倍型"（haploid）细胞；由多个单倍型细胞组成的个体，有时被称为"单倍体"（haplont）[1]。胚胎学方面的证据同样表明，一组染色体对于生物的发育是很有必要的。然而，并不能据此断言，就所涉及的发育条件来说，单倍体能直接取代二倍体，而不会有任何严重的后果。

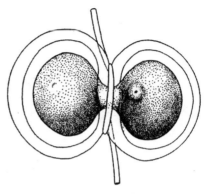

□ **图83**

　　蝾螈卵细胞在受精之后立即缢成两部分。右边所示为极体。

接受人工刺激之后，卵子会发育成只有一组染色体的胚胎。但卵细胞在发育之前，其细胞内的染色体加倍（抑制细胞质的分裂，使染色体加倍而细胞不分裂）的情况也不在少数，而且染色体加倍后比单倍体存活得更好。

切下海胆卵细胞上的一小片，使其与单倍型精子结合，我们能得到一个源自父代单组染色体的胚胎。在蝾螈受精之后，斯佩曼（Spemann）和巴尔策（Baltzer）马上缢裂蝾螈的卵细胞，分离出一片只含单精核的卵子细胞质（如图83）。而且，巴尔策随后将其中一个胚胎培育到了变态[2]时期。

如果长时间用X射线或激光照射蛙的卵细胞，损伤或破坏其染色体，像

---

　　〔1〕单倍体：体细胞染色体组数等于本物种配子的染色体组数的细胞或个体。单倍体相当于原生物体细胞内染色体数目的半数体。它的基本性状虽然和原生物体相同，但一般较小，也较纤弱，植物的单倍体几乎都不能形成种子。
　　〔2〕变态：部分生物的个体在发育过程中，其形态和结构所经历的阶段性的剧烈变化，例如，一些器官退化消失，一些器官变了形态，出现新的性状。

奥斯卡（Oscar）和赫特维西（G. Hertwig）所展示的那样，使这些卵细胞受精，那么，在由这些受精卵所得到的胚胎中，只有其原型一半的染色体数。相反，如果长时间照射精细胞，它们或许能够进入卵细胞，但对发育不再起作用。在如此情境下，卵细胞只有卵核的单组染色体，可能继续发育一段时间。也就是说，卵核中的染色体能够分裂，但细胞质不能分裂，从而在开始发育之前，卵细胞又恢复了完整数目的染色体。

经由上述途径得到的人工单倍体，多数是很虚弱的。在大多数案例中，人工单倍体会在未成年前死亡。其死亡原因还不是很明确，但我们可以思考以下几种可能性。若用人工手段去刺激含单倍型胞核的卵细胞，使其进行单性发育，加之，如果在细胞分化形成器官之前，该卵细胞的分裂次数和正常卵细胞的分裂次数相等，那么，从细胞体积与染色体数目之间的比例维持正常这一点来看，每个细胞的体积会是正常细胞体积的两倍。从细胞发育需要依靠其基因这一点来看，其体积两倍于正常细胞的细胞质不足以产生正常效应，这是因为基因物质欠缺。

另一方面，如果在这种卵细胞开始分化[1]之前（器官形成之前），该卵细胞的分裂次数比正常卵细胞的分裂次数多一次，那么染色体数目（细胞核体积）和细胞体积的比例就会是正常的——在整个胚胎中，其细胞和细胞核是正常胚胎的两倍。胚胎作为一个整体来看，会拥有与正常胚胎相同的染色体数。在这样的案例中，较小体积的细胞，其体积究竟要比正常细胞体积小多少，才会对其发育造成影响，我们目前尚不清楚。对这些单倍体生物的细胞体积加以观察，我们发现：似乎单倍体细胞有着正常的体积，但其细胞核

〔1〕细胞分化：同一来源的细胞逐渐产生出形态结构、功能特征各不相同的细胞类群的过程，其结果是在空间上细胞产生差异，在时间上同一细胞与其从前的状态有所不同。

只有正常细胞核的一半大小。这样说来，胚胎并未像前面所说的那样校正细胞核与细胞质之间的关系。

或许我们还有另外一种方法去判断，人工单倍体的衰弱是不是由于人工单倍体细胞与正常细胞一样大，但其基因数量却没有正常细胞的多。如果含一个精核的半个卵细胞能和正常卵细胞一样经历两次分裂，且分裂特征相同，那么，胚胎细胞和细胞核之间将维持正常的体积比例。事实上，这种类型的海胆胚胎很早就存在。这些海胆，着力想要变成看起来正常的长腕幼虫，但没有一只能挺过幼虫时期。出于某种因素，即使是正常胚胎，想要在人工条件下活过这段时期也是很艰难的。因此，这些单倍体是否能和正常胚胎一样存活下来，不能确定。博维里（Boveri）和其他学者对海胆卵细胞的切片做了广泛研究。他的结论是，绝大多数单倍体海胆在原肠形成时期或是其后不久都会死亡。这有可能是因为这些片段并未从切片这一操作中恢复过来，又或者是因为这些片段不含细胞质的所有重要成分。

将这些胚胎与从正常型二倍体卵裂球[1]中分离出来形成的胚胎做比较，是很有趣的一点。用以下方法分离胚卵裂球是可行的，即当海胆卵细胞一分为二，二分为四，四分为八时，用无钙海水处理，可将这些卵裂球分离出来。这一操作并不会伤害卵裂球，每个分裂所得的细胞都含有双组染色体。然而，有许多1/2卵裂球发育不正常，1/4卵裂球中能发育到幼虫时期的更少，能挺过原肠形成时期的1/8卵裂球可能一个也没有。这一证据表明，除了染色体数目和细胞核——细胞质的比例，细胞自身体积较小对个体发育也会有不利影响。这意味着什么，我们暂时还不知晓，但细胞体积和表面积的

---

　〔1〕卵裂球：受精卵发育过程中由受精卵分裂而生成的形态上尚未分化的细胞。卵裂球主要指的是从二细胞期到八细胞期之间的形态，其中每一个细胞都是胚胎干细胞，具有全能性。卵裂球之后会继续分裂形成桑葚胚。

□ **图84**

曼陀罗的单倍体植株。

关系，会随着细胞大小的变化而有所变化，这或许是上述结果的一个影响因素。

从这些实验来看，在已经适应二倍体状态的物种中，若要用人工方法减少卵细胞的细胞质来获得有活力的正常单倍体，希望不大。然而，在自然条件下，存在若干单倍体的案例，其中有一个二倍体物种的单倍体存活到了成年。

布莱克斯利在栽培曼陀罗时，发现了一株单倍体（如图84）。他将其嫁接于一株二倍体植株上，并悉心照料，使得这株单倍体存活了好多年。这株植物，除了会产生少量的单倍体花粉之外，其他主要性状都和正常植株的相似。这些花粉，都是在奋力拼搏度过成熟期之后，才得到了一组染色体的。

根据克拉苏森（Clasusen）和曼（Mann）在1924年的研究，在tabacum烟草和sylvestris烟草的杂交过程中，出现过两株单倍体烟草植物。每一株单倍体植株都含有24条染色体，这是tabacum烟草品种中的单倍数目。这两株中有一株，是亲代植株tabacum"缩小版"的"变体"，但其在性状的表达上，它略显夸张。其高度是亲代的3/4，叶子比亲代小，枝干也比较细，花朵明显比亲代小一些。该株烟草并没有亲代那么健壮、花朵茂密，且不结果，其花粉也是完全残缺的。前面提到的另外一株单倍体烟草，与它的tabacum亲型变种之间，也有相似的关系。这两株单倍体的花粉母细胞，经历了不规律的第一次成熟分裂时期，出现极多或极少的染色体去向两极，剩下的染色体则留在纺锤体的赤道面上。第二次成熟分裂会稍微规律一点，但停滞的染色体仍然不能进入任何一极。

在亲代中只有一方为二倍体的物种中，自然界似乎创造出了少数的单倍体。蜜蜂、黄蜂和蚁类的雄虫都是单倍体动物。蜂后的卵细胞含有"16条染色体"，在与精子中的染色体接合后会变成8条二价染色体（如图85）。两次成熟分裂之后，每个卵细胞含有"8条染色体"[1]。如果卵细胞受精，那么会得到含二倍染色体数目的雌蜂（蜂后或工蜂）；如果卵细胞未受精，那么这个卵细胞会继续进行单性发育，最终发育成雄峰。

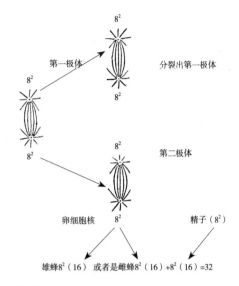

□ **图85**

蜜蜂卵细胞的两次成熟分裂。图表下端表示卵子与精子结合后，染色体一分为二，数目加倍。

鲍维里、梅林（Mehling）和纳赫茨海姆（Nachtsheim）对雌蜂和雄蜂各种

---

[1] 根据纳赫茨海姆的观察，未成熟蜜蜂的卵细胞中有32条染色体，但由于染色体之间两两密切接合，所以看到的只有16条染色体，这16条染色体中的每一条实际上都是二价染色体或"双染色体"。在成熟分裂以前，16条染色体又一次两两密切接合，所以他所看到的8条染色体，实际上是8条四价染色体。经过减数分裂，成熟的卵细胞各自含有8条二价染色体，实际上是16条单价染色体。精母细胞原有的16条单价染色体，并未经过减数分裂，所以成熟的精细胞各得16条单价染色体。雄蜂由卵子单性发育而成，所以只有16条单价染色体（单倍体）。蜂后与工蜂各自由受精卵发育而成，所以有32条染色体。

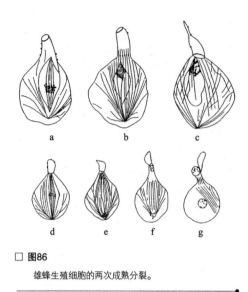

□ **图86**

　　雄蜂生殖细胞的两次成熟分裂。

组织的细胞体积与细胞核做了检测，发现：总的说来，二倍体和单倍体之间的差别一般是不恒定的。然而，无论是雄蜂还是雌蜂，在胚胎早期都出现了某种特殊现象，这使情况变得很复杂。在雌雄胚胎细胞中，一开始有两倍数目的染色体，这明显是通过染色体一分为二得到的。在雌蜂的胚胎细胞中，染色体同样一分为二，但这一分裂发生了两次，所以得到了32条染色体。这一证据似乎表明，染色体数目并没有增加，而是染色体断裂使片段变多了。如果这个解释是正确的，那么基因数目也就没有增加。雌蜂中的染色体数仍是雄蜂的两倍。对于染色体的一分为二与细胞核的大小有何关系，这一点目前尚不清楚。

　　不过，从雌性和雄性的胚迹看来，染色体的一分为二似乎并未发生。要是发生了，那么，这些片段在成熟期到来之前，早就重新接合了。

　　关于雄蜂是单倍体，或者至少其生殖细胞是单倍型的说法，细胞在成熟分裂时期的行动是最好的证据。第一次减数分裂是不成功的（如图86a，图86b），有缺陷的纺锤体将8条染色体连接起来，其中不含染色质的细胞质从中分离出来。（在第二次分裂时期）第二个纺锤体形成，而且染色体大概也通过纵裂分离开来（如图86d，图86e，图86f，图86g），两部分子染色体分别进入两极。由此，一个小细胞在较大细胞上面形成了。较大细胞变成了起作用的精子，它有着单倍数目的染色体。

据说，senta轮虫[1]的雄性是单倍体（如图87c），其雌性是二倍体。在食物供给差的情况下，或者说当以原生动物无色滴虫属polytoma喂养时，只会出现雌性轮虫。每只雌性轮虫都是二倍体，而且其卵细胞最开始也是二倍体。每个卵细胞都只会分出一个极体——每条染色体分裂成相同的两半。这样一来，借单性生殖所发育的卵细胞，后期会发育成雌虫，且会保留全部的染色体。当以其他食物（例如眼虫[2]）喂养时，会出现新型的雌性轮虫。如果该虫在卵壳孵化时与另一只雄性结合，它只会得到能产生两个极体且保留单倍染色体数的有性卵细胞。卵细胞内的精核和卵核早就结合在一起，形成了二倍体雌性。而该雌性会重新开始一轮单性繁殖。但如果刚刚提及的这种特殊雌性并没有进行受精，那么它所产出的卵细胞会很小，且会放出两个极体，保持一半的染色体数。通过单性发育，这些卵细胞会发育成

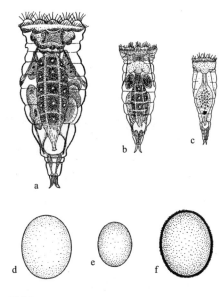

□ 图87

图a为senta轮虫单性繁殖的雌虫；图b为其年轻雌虫；图c为其雄虫；图d为单性繁殖的卵细胞；图e为发育成雄虫的卵细胞；图f为冬季卵细胞。

〔1〕轮虫：形体微小，长约0.04～2毫米，多数不超过0.5毫米。它们分布广，大多自由生活，也有寄生的，有个体也有群体。雌雄异体。卵生，多为孤雌生殖。
〔2〕眼虫：眼虫属生物的统称，在植物学中称裸藻，也称绿虫藻，是一类介于动物和植物之间的单细胞真核生物。

雄性单倍体。在出生几小时之后，这些雄性就会性成熟，但不再长大，且在几天之后死去。

施拉德（Schrader）证明了雄性vaporariorum白蝇为单倍体。莫利尔（A. W. Morrill）在美国发现，未受精的这类雌蝇只产生雄性后代。在同科的另一生物中，莫利尔和巴克（Back）也发现了相似的现象。另一方面，哈格里夫（Hargreaves）和威廉姆斯（Williams）先后报告，在英格兰，未受精的同类雌性白蝇只产生雌性后代。施拉德（1920）对美国蝇的染色体做过研究，发现雌蝇中存在22条染色体，而雄蝇中存在11条染色体。其成熟的卵细胞含有11条二价染色体，且释放出两个极体，剩下11条单染色体位于卵细胞内。如果将这个卵细胞进行受精，那么精核中的11条染色体会加入卵细胞内；如果这个卵细胞不受精，那么它会进行单性繁殖，所有胚胎细胞都会有11条染色体。在雄性生殖细胞的成熟期，看不出有减数分裂的痕迹（甚至像蜜蜂体内那样微弱的过程也没有），均等分裂也与精原细胞的分裂相同。

正如辛德尔（Hindre）的繁育实验所提示的那样，有一些证据表明，未受精的虱子卵细胞会发育成雄虱。存在一种恙虫[1]类物种bimaculatus，其未受精的卵细胞会发育成雄性恙虫，其受精的卵细胞会发育成雌性恙虫（根据几个观察者所说）。施拉德（1923）得出，这些雄虫只含3条染色体，为单倍体；这些雌虫含6条染色体，为二倍体。早期卵巢中的卵细胞有6条染色体，之后会接合成3条二价染色体。如果该卵细胞受精，精核会加入3条染色体，造就雌虫的6条染色体，于是它发育成为雌性；如果该卵细胞未受精，它会直接发育成为每个细胞都只含3条染色体的雄性。

---

〔1〕恙虫：又称恙螨、沙虱，能传染恙虫病。在动物分类上，恙螨属节肢动物门蜘蛛纲。全世界已知的恙螨有3 000多种，中国有记载的达350余种。

　　莎尔对一种未受精的verbasci蓟马[1]雌虫做过检测，发现其只有未受精的卵细胞会发育成雄性，且这些雄性极有可能是单倍体。

　　苔类或藓类植株的原丝体和藓类植株世代（配子体）都是单倍体。维特斯坦用人工手段从原丝体细胞得出二倍型原丝体和二倍体藓类植株。该结果证明，这一世代和孢子体世代的差异，不是由于各世代中所含染色体数目不同而造成的，而是某种意义上的发育现象，也即这些孢子必须经历配子体状态，才能到达孢子体世代。

---

　　〔1〕蓟马：昆虫纲缨翅目的统称。幼虫呈白色、黄色或橘色，成虫呈黄色、棕色或黑色；取食植物汁液或真菌；体微小，体长0.5～2mm。

第十一章　多倍体序列

　　也许这一点才是重要的，即在几个被公认是多形态的群里，发现了多倍体序列。而令分类学者感到困惑的是，这些多形态的群，彼此间既有变异性，也有相似性，且很多案例显示，无法用种子繁殖得到同一类型。但是，这一切都与细胞学上的观察结果相符。就这些染色体组都是平衡的这一点来看，遗传学上可以做出这样的预期：这些植株大多非常相似，在例外的个体中，其细胞体积的增大可以影响一些植物结构的物理因素，其基因数目的增加，还会在细胞质中引发一些化学效应。

根据近年的研究，愈来愈多亲缘相近的野生型物种被驯化。这些驯化后的物种，其染色体总数以单倍体数为基础成倍增加。多倍体[1]序列成群出现，这表明低倍体慢慢通过染色体递增的方式，变为多倍体。分类学者是否会将这种类型的物种视为稳定物种，留给他们自己去决定。

也许这一点才是重要的，即在几个被公认是多形态的群里，发现了多倍体序列。而令分类学者感到困惑的是，这些多形态的群，彼此间既有变异性，也有相似性，且很多案例显示，无法用种子繁殖得到同一类型。但是，这一切都与细胞学上的观察结果相符。就这些染色体组都是平衡的这一点来看，遗传学上可以做出这样的预期：这些植株大多非常相似，在例外的个体中，其细胞体积的增大可以影响一些植物结构的物理因素，其基因数目的增加，还会在细胞质中引发一些化学效应。

多倍体小麦

在小型谷物的体细胞中存在多倍染色体，例如小麦、燕麦、黑麦和大麦。其中，对小麦系列谷物的研究最广泛，其杂交所得杂合子也都做过检查。单粒小麦[2]Triticum monococcum的染色体最少，只有14条（n=7）。单

---

〔1〕多倍体：体细胞中含有三个或三个以上染色体组的个体。多倍体在生物界广泛存在，常见于高等植物。多倍体的形成有两种方式，一种是本身出于某种未知的原因而使染色体复制之后，细胞不随之分裂，从而使细胞中的染色体成倍增加，形成同源多倍体；另一种是由不同物种杂交产生的多倍体，称为异源多倍体。同源多倍体是比较少见的。20世纪初，荷兰遗传学家德弗里斯在研究某种待霄草的遗传时，发现一株待霄草的染色体增加了一倍，由原来的24条（2n）变成了48条（4n），成了四倍体植株。它与原来的二倍体植株杂交所产生的三倍体植株是不育的（减数分裂时染色体不配对）。因此这个四倍体植株便是一个新种。

〔2〕单粒小麦：小麦属中最原始的栽培种，可用作小麦杂交育种的原始材料。

粒小麦属于Einkorn单粒群，据珀希瓦尔（Percival）（1921）所说，这种小麦能被追溯到新石器时代的欧洲。另外，二粒小麦[1]Emmer群有28条染色体，生长于史前时代的欧洲和公元前5400年的古埃及。直到希腊–罗马时代，该小麦才被含28条染色体的二粒小麦和含42条染色体的软粒小麦[2]取代（如图88）。在二粒小麦群组中，小麦的变种是最多的；在软粒小麦群组中，物种间的外形差异较大。

有几个学者研究过各类小麦的染色体。最近的研究有板村彻（Sakamura）（1920）、木原均（Hitoshi）（1919, 1924）和萨克斯（Sax）（1922）的研究。下列数据大多数源于木原均的著作，一部分引用了萨克斯的论文。表4给出了观察所得的二倍体的染色体数目，以及观察所得或推测所得的单倍体的染色体数目。

表4　二倍体和单倍体小麦的染色体数目

小麦品种	单倍体	二倍体
单粒群（Einkorn），单粒小麦（T. monococcum）	7	14
二粒群（Emmer），二粒小麦（T. dioccum）	14	28
二粒群（Emmer），博洛尼卡小麦（T. poloricum）	14	28
二粒群（Emmer），坚粒小麦（T. durum）	14	28
二粒群（Emmer），硬粒小麦（T.turgidum）	14	28
软粒群（vulgare），斯帕尔达小麦（T. spelta）	21	42
软粒群（vulgare），密质小麦（T. compacta）	21	42
软粒群（vulgare），软粒小麦（T. vulgare）	21	42

---

〔1〕二粒小麦：单粒小麦与一种叫山羊草的杂草杂交的不育后代，由于低温导致其染色体加倍而形成的一个异源多倍体植物。二粒小麦属四倍体种，包括野生二粒小麦和栽培二粒小麦。染色体数2n=4x=28，染色体组型为AABB。

〔2〕即普通小麦。

单倍体群组由图88a（单粒小麦），图88c（坚粒小麦）和图88h（软粒小麦）表示。

萨克斯用图89表示了这些群组各自的正常成熟分裂。单粒小麦的7条二价染色体（接合染色体）在第一次分裂中分离开来，每7条进入一极，且没有停滞的染色体。在第二次分裂时，第一次分裂而来的子细胞中的7条染色体中缢成两半，形成子染色体，每7条子染色体去向一极。二粒小麦在第一次成熟分裂时有14条二价染色体，每14条染色体去向一极。在第二次成熟分裂期，每条染色体中缢，在所得的子染色体中，每14条各自去向一极。

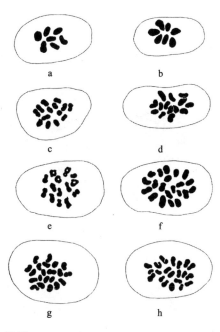

□ **图88**

二倍体、四倍体和六倍体小麦减数分裂后的染色体数目。

软粒小麦在第一次成熟分裂期有21条二价染色体，每21条去向一极。在第二次成熟分裂期，每条染色体中缢，得到的子染色体每21条去向一极。

这一系列类型可以解释为二倍体、四倍体和六倍体。每一种都是平衡的，也是稳定的。

将以上这几种拥有不同染色体数的品种进行两两杂交。在所得的后代中，会有一些生育能力较弱的杂合子，也会有一些完全不可育的杂合子。用于杂交的父方母方，有着不同的染色体数目，而这些染色体的行为可以揭示出一些重要的关系。下面几个例子可说明这一点。

木原均用有着28条染色体（n=14）的二粒小麦和有着42条染色体

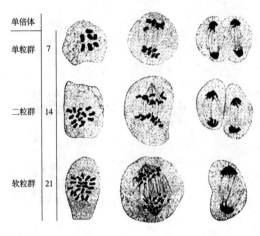

单倍体
单粒群　7
二粒群　14
软粒群　21

□ **图89**

二倍体、四倍体和六倍体小麦的第一次成熟分裂（减数分裂）。

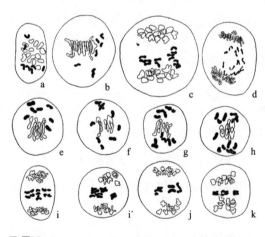

a　b　c　d
e　f　g　h
i　i'　j　k

□ **图90**

杂合子小麦的减数分裂。

（n=21）的软粒小麦杂交，且对所得杂合子加以检测，他发现这类杂合子有35条染色体，因此判断它是一种五倍体的杂种小麦。它在成熟期（如图90a，图90b，图90c，图90d），会有14条二价染色体和7条单染色体。在第一次分裂时，二价染色体各自分裂后，每一极得14条。单染色体不规则地散落于纺锤体上，直到"减数"染色体分别进入两极，它们仍滞留于原地（如图90d）。接着，这些单染色体会中缢，其子染色体会进入两极，但运动方向十分不规则。当分布达到均匀之后，每极会获得21条染色体。

在此，我们应该顺便谈及萨克斯对三倍体小麦的研究结果：7条单染色体在此时并不分裂，而是不均匀地分布到两极，最常见的两极分配比例为3：4（如图91）。

根据木原均的记载，在第二次减数分裂时，会有14条正在中缢的染色体

和7条不会中缢的染色体。14条
染色体分裂之后，两极分别有14
条染色体，剩下7条单染色体随
机分布——常见的是3条去向一
极，4条去向另一极。但萨克斯
认为，在第二次成熟分裂时，这
7条染色体也会缢裂。

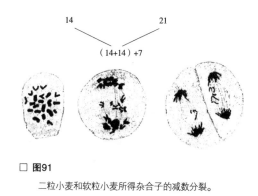

□ **图91**
二粒小麦和软粒小麦所得杂合子的减数分裂。

对于单染色体（两种解释都
在其他生物中出现了先例），不管
采用哪一种解释，有一个重要的事实都是很明显的，即仅在14条染色体间发
生了接合现象。但发生接合的这14条染色体，究竟是由二粒小麦中的14条染
色体和软粒小麦中的14条染色体接合而成，还是由二粒小麦中的14条接合成7
条二价染色体，软粒小麦中的14条接合成7条二价染色体，共计达到14条二价
染色体，然后在软粒小麦中还会余下7条单染色体，从细胞学的证据来看，现
在还不明了。对这些物种进行遗传学方面的研究，抑或是对相似组合进行遗
传学方面的研究，或许都能提供更有决定性的证据，但目前这样的研究还是
很欠缺。

木原均又用有14条染色体（n=7）的单粒小麦Einkorn和有28条染色体
（n=14）的二粒小麦Emmer杂交，所得杂合子是三倍体，有21条染色体。
在此杂合子生殖细胞（花粉母细胞）成熟期间，其染色体分布的不规律性甚
至超过了上一案例（如图90e，图90f，图90g，图90h，图90i，图90i′，图90j，图
90k），接合在一起的染色体数目不恒定，且就算染色体间发生接合，也是不
完全的。其二价染色体的数量多变，具体数目如表5所示：

表5 二价染色体数目的变化

体细胞染色体数目	二价染色体数目	单染色体数目
21	7	7（如图90e）
21	6	9（如图90b）
21	5	11（如图90g）
21	4	13（如图90h）

当第一次减数分裂发生时，二价染色体一分为二，所得两半各自进入一极。单染色体在进入两极中任意一极之前，不是每次都会发生分裂：有一些单染色体在未分裂的状态下就去向一极，而有一些单染色体在分裂后，其子染色体分为两半分别进入两极。7条单染色体停留在两极染色体群的中间平面上的情况，也并不少见（如图90i）。三次测定的数据如表6所示：

表6 染色体在两极的分布

上极	两极之间	下极
8	6	7（如图90i）
9	4	8（如图90j）
21	4	13（如图90k）

一般情况下，在第二次减数分裂期会有11条或12条染色体：一些是二价染色体（会发生中缢）；另外一些仍旧是单染色体。前者（二价染色体）会正常分裂，其子染色体会分别去向两极；而后者（未发生缢裂的染色体）在没有缢裂的情况下分布于其中任意一极。

这一证据表明，要确定在杂合子中是哪些染色体接合到了一起是不大可能的（组成了二价染色体）。但因为二价染色体的数目未超过7，或许这可以解释为是亲代二粒小麦的14条染色体接合的结果。

在二粒小麦和软粒小麦杂交的少许案例中，我们得到了可育杂合子。木原均研究过子三代、子四代以及后面几代的杂合子，他观察了其染色体在成熟分裂期的行为。其后代各植株中染色体的数目是不一样的，而且一些染色体在成熟期的分布也是不规则的，这也导致了后期染色体的不规则分布，或者导致了子代重新形成如亲代那种稳定型，等等。这些结果，虽然对于杂合子的遗传研究是很重要的，但对于我们现在的研究目的而言，过于复杂了。

木原均还研究了软粒小麦和一种黑麦的杂合子，软粒小麦有42条染色体（n=21），黑麦有14条染色体（n=7），杂合子（有28条染色体）或许可称为四倍体。根据之前的观察，这两种亲代的差异较大，其杂合子是不育的，但其他观测者却认为是可育的。

从这个杂合子的生殖细胞形成到其成熟期，能观察到的接合染色体很少，甚至没有，如表7所示：

表7　生殖细胞成熟期的接合染色体数目

二价染色体	单染色体
0	28
1	26
2	24
3	22

在第一次分裂中，染色体在两极的分布是极其不规则的，只有极个别染色体会在进入两极之前就分裂开来，部分单染色体会散落于细胞质之中。在第二次成熟分裂期，许多染色体会中缢开来，但在第一次成熟分裂时就已分裂的染色体，行动会比较迟缓，慢慢地去向一极；然而，落后的染色体数目远比第一次分裂时落后的染色体数目少得多。

在小麦和黑麦的杂交中，最有趣的一个杂交特征是杂合子几乎完全没有染色体的接合，这样就会导致染色体的不规则分布，而这种不规则分布，极有可能解释了杂合子不可育的原因。还有一种可能，即属于同一个物种的所

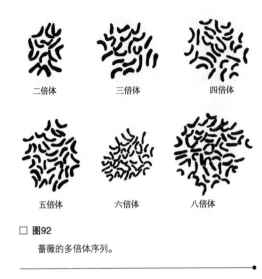

二倍体　　　　三倍体　　　　四倍体

五倍体　　　　六倍体　　　　八倍体

□ **图92**

蔷薇的多倍体序列。

有染色体（或大多数染色体）或许会去向另一极（发生的可能性极小），由此产生可孕性花粉粒。

多倍体蔷薇

从林奈（C. von Linnè，1707—1778）[1]时代开始，分类学家就对蔷薇[2]的分类感到困惑。最近，瑞典植物学家塔克霍尔姆（Täckholm），英国的三位植物学家哈里森（Harrison）和其同事布莱克本（Blackburn），以及蔷薇科专家兼遗传学家赫斯特（Hurst）先后发现，现已确定的若干群蔷薇，尤其是属于canina蔷薇族的那一部分，都是多倍体类型。它们之间的差异，不能完全归于多倍性，其广泛杂交的作用也有一定影响。

最近，塔克霍尔姆对这些蔷薇做了详细研究。首先来看看他的计算。有一种蔷薇，含有最少的染色体数（14条，n=7），我们常将其当作基础型。此外，还存在有着21条染色体的三倍体（3×7），有着28条染色体的四倍体（4×7），有着35条染色体的五倍体（5×7），有着42条染色体的六倍体

---

〔1〕林奈：瑞典生物学家，动植物双名命名法的创立者，植物分类学的奠基人。自幼喜爱花卉，曾游历欧洲各国，拜访著名植物学家，搜集大量植物标本。归国后，任乌普萨拉大学教授。

〔2〕蔷薇：蔷薇属部分植物的通称，主要指蔓藤蔷薇的变种及园艺品种。大多是一类藤状爬篱笆的小花，是原产于中国的落叶灌木，变异性强。

（6×7），以及有着56条染色体的八倍体（8×7）（如图92）。在成熟分裂期，有一些多倍体会臻于平衡，其所有的染色体都能两两接合成为二价染色体；而在一些有着奇数染色体数量或是偶数染色体数量（假设是杂合子）的多倍体中，只含7条（或14条）二价染色体，其余的染色体在第一次成熟分裂时会保持单染色体的状态。换句话说，当这七类染色体各有4条，6条，8条染色体的时候，染色体间会两两接合，就好像这些类型都是二倍体一样。不管这些染色体源于何处，这些染色体都不会4条，6条，8条地接合在一起。在这些多倍体中，接合在一起的二价染色体会在第一次成熟分裂时分离开来，所得子染色体分别进入两极。在第二次成熟分裂时，每一条子染色体都会分裂为两半，各自进入一极。这些生殖细胞，不管是花粉还是胚珠，都能因此含有半数的原始染色体。因此，如果它们能进行有性繁殖，则其特定的染色体数目可以维持不变。

塔克霍尔姆将另一组蔷薇视为杂合子，因为其生殖细胞内发生了种种改变，这表明它们存在不稳定性。其中的一些蔷薇有21条染色体，因此是三倍体。在成熟的早期阶段，花粉母细胞内含有7条二价染色体和7条单染色体。在第一次成熟分裂期，7条二价染色体一分为二，各有7条子染色体分别进入两极；剩余的7条单染色体不再分裂，随机地分布于两极。由此，可得出多种组合方式。从这一点来看，这些组合确实是不稳定的。在第二次成熟分裂期，所有的单染色体，不论是二价染色体分裂而来的子染色体，还是一开始未发生分裂的单价染色体，都中缢成两部分。这样，许多由此得来的子细胞出现退化现象。

还有一些杂合子含28条染色体（4×7），但塔克霍尔姆并未将其划到真正的四倍体种系中，因为接合时期的染色体表明，每类染色体不够4条。该类型只含7条二价染色体和14条单染色体。在第一次成熟分裂期，7条二价染色体分裂开来，剩余的14条单染色体未分裂，且无规律地分布着。

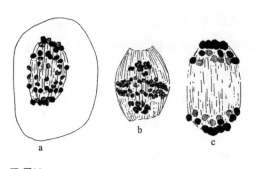

□ **图93**

　　含35条染色体的五倍体蔷薇细胞第一次发生成熟分裂。

另有一些杂合子含35条染色体（5×7），成熟时有7条二价染色体和21条单染色体（如图93）。这两种染色体的表现，同先前的那个案例一样。

　　第四种杂合子含有42条染色体（6×7），成熟时只有7条二价染色体，而单染色体却有28条。染色体在成熟分裂时期的行为，与先前案例所描述的一样。

　　现在，从花粉的形成方面，这四种"杂合子蔷薇"可被划分为如下类型：

　　　　7条二价染色体＋7条单染色体＝21条染色体

　　　　7条二价染色体＋14条单染色体＝28条染色体

　　　　7条二价染色体＋21条单染色体＝35条染色体

　　　　7条二价染色体＋28条单染色体＝42条染色体

　　以上这些杂合子的特殊行为，体现在只有14条染色体会接合成7条二价染色体。我们必须假定，这些染色体都是相同的，或者说几乎一样，所以它们能接合到一起。塔克霍尔姆认为，其他各组的7条染色体来自不同野生物种的杂交，否则很难理解这些组的染色体为什么不两两接合。用杂交的方式得来的新增染色体与原来的那一组染色体之间的差异，以及每一组染色体之间的差异，都会阻碍接合的发生。

　　我们还可以谈一下另外两种杂合子物种，两者都含有14条二价染色体和7条单染色体。在这样的杂合子中，发生接合的二价染色体数是先前那些案例的两倍。

在canina蔷薇群中，只有少量杂合子的胚囊染色体有过历史记载（如图94）。有7条二价染色体位于赤道面上，其余的单染色体（21条单染色体）都集中于一极。当这些二价染色体分离之后，一半去向一极，另一半去向另外一极。结果是，一个子细胞的细胞核含有分裂所得的7条子染色体和所有21条单染色体（共计28

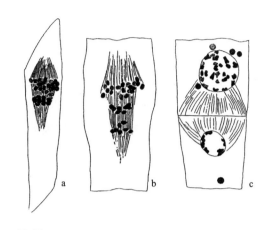

□ 图94

　　蔷薇卵细胞的成熟分裂。所有的单染色体（21条）都去向一极，这一极还含有接合染色体分裂而来的7条染色体。

条），而另外一个子细胞的细胞核只含7条子染色体。如果这个有着28条染色体的卵细胞继续发育，且与另外一个含有7条染色体的精子（假设这种花粉细胞的精子不发挥作用）结合，那么受精卵会含有35条染色体，即和原始型的染色体数相同。

这些多倍体杂合子蔷薇的繁殖过程，目前还不能完全阐述清楚。如果通过枝繁殖的方式，那么，它们就能维持在受精过程中得到的染色体数目。通过单性繁殖[1]得来的杂合子种子，也会维持一定数目的体细胞染色体。但当单性繁殖时，花粉和卵细胞在形成时染色体分布的不规则会导致许多不同

---

　　〔1〕单性繁殖：卵子不经精子的刺激而发育成子代的特殊有性生殖方式，又名孤雌生殖或处女生殖。从发育角度看，卵子不需要受精而发育成新个体（或停顿在胚胎发育的早期）的方式又可称为单性发育。

的组合。如果不知道这些杂合子的染色体之间的相互关系，那么在阐述其遗传过程时，便会遇到困难。即使在这方面的研究有所进展，但对于弄清楚这些杂合子蔷薇的组合方式，仍有很多问题尚待研究。

赫斯特对野生型和栽培型的蔷薇属都有过研究，他认为野生型的二倍体蔷薇属是由五种主系构成[1]，可以表示为AA，BB，CC，DD，EE，分别如图95的a-d，e-h，i-l，m-p和q-t。通过五种主系的结合，可以分辨出许多组合。例如，有一种四倍体可以表示为BB和CC，还有一种四倍体可以表示为BB和DD，另外有一种六倍体可以表示为AA、BB和EE，有一种八倍体可以表示为BB、CC、DD和EE。

赫斯特表示，五种主系中，每个系列都有至少50种可以鉴别的性状。这些性状都可以在杂合子组合中看到。环境因素也可能交替促进一个主系的性状或者另一个主系的性状的形成。赫斯特相信，以这些相互关系为基础，对本属各种进行分类是可能做到的。

其他多倍体序列

除了上面提及的那些多倍体之外，在一些其他种群中，也有关于多倍染色体的变种和物种的研究报告。

我们已知道，山柳菊[2]属有几个品种进行有性生殖，另有几个品种，虽然有时会有正常花粉粒的雄蕊，却是单性生殖。罗森伯格（Rosenberg）在若干产生花粉粒的品种中，对它们的花粉发育情况做了研究。他还检测了

---

〔1〕将这些性状分为五个主要的大类。
〔2〕山柳菊：多年生草本植物，高30～100厘米。茎直立，单生或少数成簇生，基部常呈淡红紫色，上部伞房花序状或伞房圆锥花序状分枝。

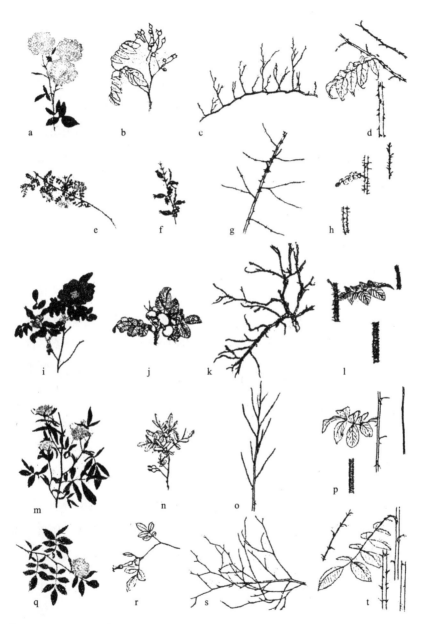

□ **图95**

Canin蔷薇系的五种类型，即a-d，e-h，i-l，m-p和q-t。同一排表示的是同一个品种在花、果实、分枝以及刺和叶的生长处等方面的特征。

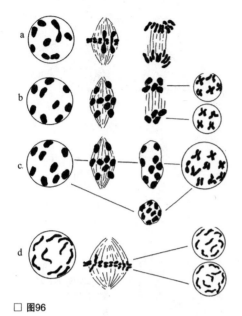

□ 图96

山柳菊几种无受精作用物种的花粉细胞的成熟阶段。

这些不同种类杂交所得的杂合子。之后，他还研究了有着18条染色体（n=9）的auricula耳状山柳菊与有着36条染色体（n=18）的aurantiacum山柳菊杂交所得的杂合子的花粉细胞的成熟分裂。在杂合子的第一次成熟分裂期，出现了9条二价染色体和9条单价染色体。但同样有一些杂合子出现例外，或许是由于在祖代aurantiacum山柳菊的花粉细胞中出现了染色体数目异常。在第一次成熟分裂期间，每条二价染色体一分为二，大多数的单染色体也会发生分裂。

罗森伯格对两种四倍体山柳菊（pilosella和aurantiacum，各含36条染色体）杂交所得的子一代杂合子的成熟分裂也做了研究。这些杂合子的体细胞，含38到40条染色体。有两个案例，出现了18条二价染色体和4条单价染色体。在另一组杂交实验中，即有着36条或42条染色体的excellens山柳菊，与有着36条染色体的aurantiacum山柳菊杂交所得的杂合子中，出现了一例含18条二价染色体。所以，极有可能的是其亲代excellens山柳菊含有36条染色体。在另外一组同样的杂交实验中，所得子一代中的花粉大多为不育的，花粉内有大量的二价染色体和很多单价染色体。这样的结果，在其他两个四倍体的杂交中也能观察到。总之，四倍体的杂交结果说明，不同物种中出现的相似染色体更容易彼此接合，或者至少说明，相对于同一物种中的相似染色体来说，二价染色体通过以上途径形成（来自两个物种的相似染色体的接合）是更有可能的。

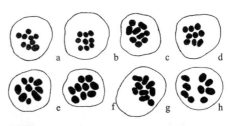

□ **图97**

菊花的8种变种，每一种变种都含有减数分裂后的9条染色体。

Archieracium种系中，既存在有性繁殖的物种，又存在单性繁殖的物种，但以单性繁殖较常见。罗森伯格对单性生殖物种的花粉成熟期进行过研究。若是单性繁殖，在其胚囊中不会出现减数分裂，但该细胞仍然保留二倍数目的染色体。花粉在发育过程中，变动很大，且几乎不会出现可生殖花粉。在减数分裂时，花粉母细胞的染色体分布也是紊乱的。罗森伯格对几种无配子生殖[1]的山柳菊物种（其花粉基本上不会有受精能力）的成熟阶段有过研究（如图96）。他解释道，花粉之所以出现这么大的变化（不能发挥受精作用），一方面是由于它们起源于四倍体（大多数类型都会出现二价染色体和单染色体），另一方面是由于所有接合染色体逐步衰退，同时又抑制了一次成熟分裂。据说，卵母细胞也可能出现类似的变化，致使其在单性繁殖时保留所有的染色体数。

在栽培所得的菊花变种中，田原正人（Tahara）发现了多倍体序列。在这些变种中（如图97），各有9条单染色体，但这9条染色体大小不同。更重要的是，在不同的物种中，染色体的相对体积在这些变种中也是不同的（如图

---

〔1〕无配子生殖：一种广义的单性生殖，是指维管（束）植物中配子体卵细胞以外的细胞单独分裂并发育产生孢子体的现象。进行减数分裂的无性生殖是指从单倍核的配子体卵细胞以外的细胞发育形成的。以助细胞、反足细胞和原叶体细胞为起源的植物以及蕨类植物的旱蕨属，一般都是以这种方法生殖的。如山柳菊是由受精前的胚乳细胞发育而成的，其生殖过程中配子体可以不经过配子的接合，而直接产生孢子体。

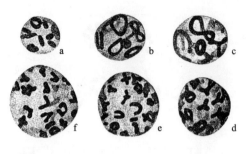

□ **图98**

菊花不同变种的多倍染色体群组。图a有9条染色体；图b有9条染色体；图c有18条染色体；图d有21条染色体；图e有36条染色体；图f有45条染色体。

98）。这一点在后面会继续论述。还有就是，在一些有着相同染色体数目的案例中，细胞核的大小却又不同。另有一些菊花，其染色体数是9的倍数（如图99）。其中，有两种是18条染色体，有两种是27条染色体，有一种是36条，有两种是45条。表8为其染色体数目和细胞核大小之间的关系：

表8 菊花变种的染色体数目和细胞核体积的关系

名称	染色体数目	细胞核直径	半径的三次方
Ch. lavanduloefolium	9	5.1	17.6
Ch. roseum	9	5.4	19.7
Ch. japonicum	9	6.0	29.0
Ch. nipponicum	9	6.0	27.0
Ch. coronarium	9	7.0	43.1
Ch. carinatum	9	7.0	43.1
Ch. leucanthemum	18	7.3	50.7
Ch. morifolium	21	7.8	57.3
Ch. decaisneanum	36	8.8	85.4
Ch. articum	45	9.9	125.0

大泽一卫（Osawa）曾报告过桑树的三倍体变体。通过对85种桑树变体的研究，他发现有40种都是三倍体。二倍体桑树的染色体数目为28（n=14），三倍体桑树的染色体数目为42（3×14）。二倍体桑树是可育的，然而三倍体桑树在成熟分裂期会表现出不规则性（因为有单价染色体的存在），其花粉粒

和胚囊都不能发育成熟。在三倍体的第一次成熟分裂期，不管是花粉细胞还是大孢子母细胞[1]，都含有28条二价染色体和14条单价染色体。这14条单价染色体会随机分布于两极，且在第二次减数分裂时缢裂。

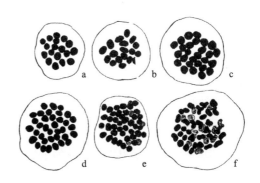

□ 图99

几种菊花变种的终变期细胞核。图a和b有18条染色体，图c有27条染色体，图d有36条染色体，图e有45条染色体，图f有45条染色体。

在枫叶中，似乎也出现了多倍体。泰勒（Taylor）研究过如下类型的枫叶：有两种含有26条染色体（n=13），有两种含有52条染色体（n=26），还有含144条染色体（n=72），或108条染色体（n=54），或72条染色体（n=36）的品种。泰勒也发现过含其他数目染色体的枫叶品种。

蒂施勒（Tischler）在研究甘蔗时发现，有些品种的单倍数[2]为8条、16条和24条（二价）染色体。据布雷默（Bremer）的研究，另有两种变体，一种含有40条单倍染色体，另一种含有56条单倍染色体。此外，他也报告过含有其他染色体数目的甘蔗品种。在这些组合中，部分或许源于杂交。然而，染色体数目上的差异，究竟有多少是源于杂交，目前我们还不知晓。布雷默还研究过少量杂合子的成熟分裂过程。

据海波恩（Heiborn）所说，薹类carex各物种的染色体数目差异很大，而

---

〔1〕又称为胚囊母细胞。大孢子母细胞是由紧接表皮下的珠心组织的细胞分化而产生的，此细胞比周围的细胞大，其细胞质丰富，可产生核更大的孢原细胞，有的只能成为胚囊母细胞，有的可成为覆盖细胞和胚囊母细胞。

〔2〕配子细胞核中的染色体数。

且没有明显的多倍体序列。"现在最重要的是，要给'多倍体'这个词下一个清晰明了的定义。从第二章的染色体数目列表中可看出，一系列多倍体有的以3为基数（9，15，24，33，36和42），有的以4为基数（16，24，28，32，36，40和56），有的以7为基数（28，35，42和56），以此类推。但是，作者认为，仅凭这些数字关系，还不能将其视作多倍体的案例。一个多倍体序列的染色体总数，必须是单倍染色体的确切倍数，其由一定组数的相同单倍染色体相加而来。然而，我们都知道，例如pilulifera莎草的染色体并不包含3组（组内相同的）3条染色体，而是由3条长染色体，4条中等染色体和2条短染色体构成；ericetorum莎草也不含这样的5组染色体，而是由1条中等染色体和14条短染色体组成。因此，这两个物种的染色体组并非以增加染色体群的方式来增加染色体，而是以其他方式。"研究人员对于问题较多的其他多倍体序列也有过研究，如酸模属、罂粟属、桔梗属、紫罗兰属、风铃草属和莴苣属。我们发现以下各物种中出现了两种染色体数目，一种是另一种的两倍或三倍：比如车前（6和12），滨藜（9和18），茅膏菜（10和20）和长距兰（21和63）。郎利的最近研究表明，山楂和覆盆子是复杂的多形态物种，有着广泛的多倍性。

第十二章　异倍体

　　就我对异倍体的理解而言，其中最重要的一点，即异倍体可以用来解释细胞在成熟分裂过程中因偶尔反常而出现的奇特有趣的遗传情况。不稳定类型一旦产生，并且只要这些类型还能持续存在，它们就会一直不稳定，换句话说，它们就会额外多出一条染色体。在这方面，它们与正常类型的物种有明显不同。然而，大多数的证据都表明，这些异倍体的生存能力并不及平衡型的亲本那么强，因此，它们不可能取代亲本，或者说在不同的环境下无法成为亲本的替代品。

有时，染色体出现不规则的分裂或分离，会导致某染色体组群增加一条或减少一条单染色体。我们把凡是因增减一条或多条染色体而使既定染色体总数发生改变的物种称为异倍体[1]。我们用"三体型"指称那些仅有一类染色体出现三条染色体的情况（与每类染色体都含有三条的"三倍体"相区别）。"三体型"一词，同样可以用于与第四条特殊染色体联合命名，例如果蝇中的三体–Ⅳ型。在以前，我们将这条多余的染色体称为超数染色体[2]或m染色体。如果一组染

□ 图100
    lata待霄草。

色体中缺少一条染色体，我们会结合"单体型"这个术语对其命名，例如果蝇中的单体–Ⅳ型[3]。

我们发现待霄草中存在某种突变类型，它与多出来的一条第十五染色体有关。

正常情况下，拉马克待霄草有14条染色体。已确定的是，lata突变型待霄草和semilata突变型待霄草都有15条染色体，即增加了一条染色体（如图

---

〔1〕异倍体：具有不成套染色体组的细胞或个体。
〔2〕即多出来未接合的单染色体。
〔3〕即Ⅳ号染色体少一条。

100）。lata突变型待霄草和正常型拉马克待霄草之间的差异极细微，只有专家才能注意得到。据盖茨所说，有一种lata突变型待霄草的雄性几乎是完全不育的，其种子的产量很低。但有一种semilata突变型待霄草，能产出高质量的花粉。

盖茨的研究表明，lata突变型待霄草在每一后代中出现的频率是不固定的，从0.1%到1.8%都有可能。

在成熟时期，有15条染色体的待霄草花粉细胞，会呈现出8条染色体。其中，有7条是接合成对的二价染色体，还有一条未组队的单染色体。在第一次减数分裂时期，接合的二价染色体彼此分离，分别进入两极。未组队的染色体此时不分裂，以原本的样子进入一极。在成熟分裂期，还有些其他不规则的案例。尽管盖茨表明，三体型的个体比正常个体更易发生不规则分裂，但尚不清楚这是不是由多余的那条染色体导致的。

含有15条染色体的待霄草可能会产生两种生殖细胞，一种生殖细胞含有8条染色体，另一种生殖细胞含有7条染色体。事实表明，这种待霄草确实产生了两种生殖细胞。从遗传学的视角来看，若lata突变型待霄草和正常型待霄草杂交，理应产生各占一半的lata突变型后代（8+7）和正常型后代（7+7）。实验结果与这一推测大致相符。

与三体型有关的最有趣的问题是，哪条染色体会成为超数染色体。因为二价染色体会有7组，那么我们便可以预测说每一条染色体都有可能成为超数染色体。根据德弗里斯近期给出的提示，待霄草有7种三体型，也就是说可能存在7种超数染色体。

需要注意的一点是，细胞核内还可能含有两条超数染色体（同类或是非同类）的四体型，它们或许没有三体型那样容易存活下来。但已知的是，这种四体型是确实存在的。例如，前面提到的三体型待霄草后代个体中，当含有8条染色体的花粉粒细胞和含有8条染色体的卵细胞结合时，就极有可能得到有两条超数染色体的个体，这样，便会产生含有该类特殊染色体的四体型。每个生殖细胞各含有8组染色体的四体型，理应是一个稳定的类型，但事实上，它或许还不及只含一个超数染色体的三体型稳定。含16条染色体的待霄草，也是有记载的，其中有的是从15条染色体的三体型衍生而来的，所以，这些个体所增加的那一条染色体或许与第15条是相同的一条。但是没有记录表明，它们之中有存活下来的。

从经验上看，似乎任意一组染色体都可能在三体型产生四体型的过程中重复。不过，即使这样能够保持稳定性，但基因平衡这一更重要的因素，会阻碍染色体组以如此方式永久增加下去。在平衡期，染色体数目越多的物种，基因间的比率变化越小，与染色体数目较少的物种相比，其初始阶段的不平衡状态可能会轻微一些。

在果蝇中，布里奇斯发现了第四染色体的三体型。既然该染色体上有三个遗传因子，那我们不仅可以研究第四染色体增加时会影响哪些性状，而且可以研究这些性状与一般遗传学问题之间的关系。另一方面，我们也发现：含有三条染色体的个体往往会死亡；含有第二染色体或第三染色体的三体型，也难以存活。

三体-IV型果蝇与正常型果蝇的差别，并不是很显著，因此很难将两者区分开来。不过，前者的体色比后者的稍深，胸膛上没有叉形结构（如图32），眼睛偏小，表皮较为光滑，刚毛略窄，翅膀更尖锐。这细微的差异是由于额外增加了一条第四染色体，这已从细胞学证据（如图32）和遗传学检测中得到了证实。当三体-IV型和无眼果蝇（无眼是第四染色体的稳定突变型品种）杂交时，所得的若干子代果蝇可以通过上述性状被判定为三体-IV型。再用这种三体-IV型果蝇与无眼果蝇反交[1]（如图33），孙代所得的有眼和无

---

〔1〕反过来，拥有某种性状的父方转为用作母方。

眼果蝇的比例大约为5∶1。如图33所示，如果一个正常基因相对两个无眼基因而言是显性的，那么所得结果与预期相符。

孙代中含有2条普通眼第四染色体和1条无眼第四染色体的三体-Ⅳ型果蝇彼此交配，在所得后代中，出现有眼果蝇和无眼果蝇的比例大约为26∶1。

在上述杂交案例里，一半卵细胞和一半精细胞各含有2条多余的第四染色体，预计会得到若干含有4条第四染色体的果蝇。如果这样的四体型果蝇（四体-Ⅳ型）能长大，那么预计会得到比例为35∶1的有眼和无眼果蝇。我们最终所得的比例（26∶1）与预计所得的比例（35∶1）（假设四体型的果蝇能存活）不符，这是因为四体型的果蝇不能存活下来。实际上，我们并没有在果蝇体内测出这样的染色体组，这意味着，不管第四染色体多么微小，只要该染色体达到4条，其细胞就无法保证基因平衡，导致其不能发育为成虫。

与四体型果蝇相反，另有一种缺少一条第四染色体的异倍型果蝇，它被称为单体-Ⅳ型（如图29）。这种类型的果蝇经常出现。据说，可能是在减数分裂期，两条小染色体同时进入一极，以致其中一条小染色体在种系中丢失了。单体-Ⅳ型果蝇的体色更浅，但胸腔上的叉形结构较显著，眼睛也较大，且表皮粗糙，刚毛细小，翅膀稍短，且其触角刚毛退化甚至消失。所有这些性状，都与三体-Ⅳ型刚好相反。如果第四染色体含有的基因会和其他基因一道来影响蝇体的性状，那么这些差异就不足为奇了。当多余的（第四）染色体存在时，影响便加强；当（第四）染色体缺失时，影响便减弱。单体-Ⅳ型果蝇的孵化会比正常型果蝇迟4~5天；它们往往是不可孕的，且不会产生卵细胞；死亡率也相当高。有大量的细胞学和遗传学证据表明，这些果蝇的特性是由于一条染色体的缺失。

目前还没有发现两条第四染色体都不存在的果蝇，两只单体-Ⅳ型果蝇交配所得子代的比例（单体-Ⅳ型果蝇为130只，正常型果蝇为100只）显示，不含第四染色体的果蝇会死亡。

如果让无眼正常型果蝇（有两条第四染色体的果蝇）与携正常基因的单体–Ⅳ型果蝇交配，其子一代中会出现无眼果蝇，而且一定是单体–Ⅳ型。理论上，子代的一半应该是无眼果蝇，但因为单条第四染色体上出现无眼基因，以致所得单体型的存活率比预期降低98%，这种情况同样适用于单条第四染色体上出现的其他隐性突变基因（弯翅和剃毛）[1]。根据布里奇斯的研究，弯翅基因会降低（单体型果蝇）95%的存活率，剃毛基因会降低100%的存活率，也就是说，单体–剃毛型果蝇不能发育。

正常型

Globe　　Poinsettia　　Cocklebur　　Hex

Echinus　　Rolled　　Redaced　　Buckling

Glossy　　Microcarpic　　Elongate　　Spinach

□ **图101**

stramonium曼陀罗的蒴果的原始类型（最上端的那个），以及12种有可能出现的三体型。

stramonium曼陀罗有24条染色体。布莱克斯利和贝林在检测时发现大多数栽培的曼陀罗含25条染色体（2n+1）。这些栽培的曼陀罗，大多分属于12种类型。因为多余的一条染色体有可能出现在任意一组染色体中，所以这12种类型的轻微而恒定的差异，都可能在植物的不同部位体现出来。在蒴

---

[1]果蝇常见的显隐性状如下：灰身对黑身为显性，位于常染色体上；红眼对白眼是显性，位于X染色体上；长翅对残翅是显性，位于常染色体上；刚毛对截毛为显性，位于性染色体上；直毛对叉毛为显性，位于X染色体上。

二倍型

2n

（2n+1）↑　（2n+2）↑

□ 图102

　　二倍体曼陀罗（2n）的蒴果和2n+1、2n+2两种类型的蒴果比较。

果时期，这些差异便体现得很明显（如图101）。其中至少有两类（三体-球型和三体-poinsettia型）在多余的染色体上含有孟德尔式因子。布莱克斯利、埃弗里（Avery）、法汉姆和贝林表示，至少在这两类中，第25染色体是彼此不同的。换句话说，在这些独特的类型中，有一种三体型poinsettia，其第25染色体上携带着紫色根茎基因和白色花朵基因，而且该染色体在遗传上产生的影响最显著。这也说明，携带多余染色体的生殖细胞没有正常生殖细胞那么容易存活，因此，这种类型的预计数量也就减少了。事实上，这些生殖细胞根本不会通过花粉进行传递（或者仅仅传递一小部分），如果通过卵细胞进行传递，也只有30%的卵细胞可以传递。当我们把这些关系都考虑到时，遗传研究结果就与预期数据相符了。

　　在对三体型曼陀罗的研究中，布莱克斯利和贝林发现有12种截然不同的类型，都属于2n+1或三体系。曼陀罗刚好有12组染色体，预计只有12种单纯的三体型，证据表明，初级三体型的确只有12种。其余三体型被称之为次级三体型，似乎各属于12种初级三体型（如图102）中的一种。可以从几个方面来加以证实：从极其相似的外形上，从内部结构（如辛诺特所证明的）上，从相同的遗传模式（某一标记染色体发生同样的三体型遗传）上，从同一群内一型产生另一型的交互作用上，以及从额外染色体的体积上（贝林）。

表9是由三倍体衍生而来的初级型和次级型列表。

表9　三倍体后代（2n+1）中的初级型和次级型
（初级型用大写字母表示，次级型用小写字母表示）

	3n自交	3n×2n	共计		3n自交	3n×2n	共计
1.GLOBE	5	46	51	8.BUCKLING	9	48	57
				strawberry	—	—	—
				maple	—	—	—
2.POINSETTIA	5	34	39	9.GLOSSY	2	30	32
wiry	—	—	—				
3.COCKLEBUR	6	32	38	10.MICROCARPIC	4	46	50
wedge	—	1	1				
4.ILEX	4	33	37	11.ELONGATE	2	30	32
				undulate	—	—	—
5.ECHINUS	3	15	18	12.SPINACH（？）	—	2	2
mutilated	—	(2?)	(？)				
nubbin（？）	—						
6.ROLLED	—	24	24	共计（2n+1）	43	381	424
sugarloaf	—	—	—	（2n+1+1）	11	101	112
polycarpic	—	—	—	2n	30	215	248
				4n	3	—	3
7.REDUCED	3	38	41	总计	87	697	784

初级型和次级型变体的自然发生频率如表10所示。在表格中，我们可以看到初级型出现的次数比次级型多。根据交配实验可知，初级型偶尔会变成次级型，而次级型会频繁地转换成初级型，且比其转换成其他种群的新突变型的频率高。由此，在poinsettia（初级型）所得的3 100个子代植株中，大约有28%都是poinsettia（初级型），约有0.25%的次级型是wiry；相反，当wiry为亲株时，所得的子代中，仅有0.75%为poinsettia（初级型）。

表10　初级型和次级型（2n+1）变体的自然发生频率

（初级型用大写字母表示，次级型用小写字母表示）

	亲型为2n	亲型为不同群的2n+1	共计		亲型为2n	亲型为不同群的2n+1	共计
1.GLOBE	41	107	148	8.BUCKLING strawberry maple	27 1 —	71 1 2	98 2 2
2.POINSETTIA wiry	28 —	47 1	75 1	9.GLOSSY	8	11	19
3.COCKLEBUR wedge	7 —	17 —	24 —	10.MICROC– ARPIC	64	100	164
4.ILEX	19	27	46	11.ELONGATE undulate	— —	2 1	2 1
5.ECHINUS mutilated nubbin（？）	10 2 1	11 4 —	21 6 1	12.SPINACH （？）	6	4	10
6.ROLLED sugarloaf polycarpic	24 3 3	47 9 —	71 12 3	共计（2n+1） 同样（2n+1） 2n	269 — 32 523	506 22 123 70 281	775 22 123 102 804
7.REDUCED	25	44	69	总计	32 792	92 910	125 027

　　wedge是cocklebur群的一个次级型，wedge型的育种实验为初级型和次级型之间的关系提供了下列证据。不管是初级型poinsettia或是其次级型wiry，在两个色素因子P、p的遗传上，都表现为三体型的比率；而对于spine因子A、a的遗传，却表现出二体型的比率。这就意味着不管是poinsettia型还是wiry型，其多余的染色体都携带着P、p因子，但是并未携带A、a因子。与之相似的是，cocklebur群里的比率，也表明了初级型所含的额外染色体上有A、a因子，但并没有P、p因子。然而，其次级型wedge在A、a的遗传上并未体现出三体型的比率。实际上，在次级型wedge中，其比率更类似于二体型，而非遗传上的三体型。既然已有强有力的证据表明wedge型是cocklebur群中的次级

型，这似乎表明wedge型多余的染色体上缺乏A、a的基因位。假设A'表示发生基因缺失后的染色体，那么第一次减数分裂时wedge型A'Aa中的A和a会分别去向两极，所得的配子会有A、a、A'A、A'a这四种类型。这样的行为，解释了表格中的第5项比率的情况。因为A'表示因子A的缺失，所以aA'的配子并未携带A因子。因此，实际得出的是armed型和inermis wedge型的二体型比率，但这一点并未在表格中展现出来。如果A、a偶然间去向了同一极，那么所得配子应为A'（可能会死亡）和Aa两种，因此初级型cocklebur就是在这般偶然之下从wedge型得来的。

四倍体

（4n）

（4n+1）↑ （4n+2）↑ （4n+3）↑

□ 图103

　　图上部分表示四倍体曼陀罗的蒴果，下部分分别表示4n+1，4n+2和4n+3型的蒴果。

　　贝林在细胞学方面的发现，强有力地支撑了次级型额外染色体缺失假说。而他的"颠倒交换"假说——染色体部分的加倍是伴随着其余部分的缺失的观点——完成了这一幅画卷。

　　也有报告指出，四倍体曼陀罗也有一条额外的染色体（如图103）。如图所示，某群中含有五条相同的染色体，而另一组群中含有六条相同的染色体。

　　贝林和布莱克斯利在对曼陀罗三体初级型和三体次级型做比较时，对三条染色体的接合模式做了研究，他们发现了两者间有明显的差异，这对研究两种类型间的关系有一定启示作用。图104的第一行，展示了初级型染色体

含25条染色体的三体初级型的10种排列形式

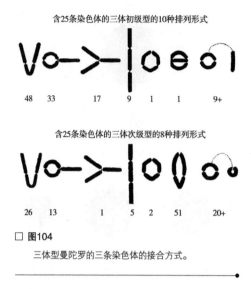

48   33   17   9   1   1   9+

含25条染色体的三体次级型的8种排列形式

26   13   1   5   2   51   20+

□ 图104

三体型曼陀罗的三条染色体的接合方式。

的三条染色体的各种接合方式。每种接合方式下的数字表示该类型发生的次数。在所有这些类型中，最常见的接合形式便是V型（48次），其次是戒指加大棒型（33次），之后是Y型（17次），之后是链条型（9次），之后是环型（1次）和双环型（1次），还有一种是两条染色体形成圆环，剩下的第三条染色体单独出现在右边（9次以上）。既然假定相似尾端的染色体会接合在一起，那么我们有理由假定，在这些类型中有着相似尾端（A和A，Z和Z）的染色体仍是相互连接的（如图104上端）。

在图104的下部分，展示了次级型的三条染色体的不同接合方式。总而言之，其接合方式和初级型的接合方式相差无几，但在出现频率上还是有差异的。差异最显著的是后面的两种类型（右边）。其一是初级型的三条染色体中的两条组合形成圆环，另一条位于圆环中间，而次级型的三条染色体形成了一个细长的圆；其二是初级型的三条染体中的两条染色体组合形成了一个圆，另外一条染色体为棒状，而次级型的三条染色体中的两条组合形成圆环，另一条单独形成圆环。这两种类型的差异在某种程度上说明某条染色体的尾端可能有所改变。贝林和布莱克斯利给出过一个假设，以阐述三倍体亲代或三体初级型的前一时期的这些变化是如何引起的。例如，假设两条染色体像图105所示的那样，会颠倒过来并接合，又假设两条染色体在中间部位发生了交换，致使相同基因并列在唯一的平面上交换，结果使每条染色体的两端相似，其中一条染色体的两端为A、A，另一条染色体的两端为Z、Z。如果这样一条染色体变成下一代三价染色体中的一条，那么就极有可能构造出如图106（下面部分）所示的接合模式。图中，ZZ染色体和正常的两条染色体接合在一起，相似的末端相互接合。

如果次级型特有的圆环能按照上述所说来解释，那么三价染色体中的一条会有半截是重复的，从而与其余两条不同。因此，次级型的基因组合与初级型的基因组合方式不同。

据桑田义备（Kuwada）的研究，玉蜀黍有20条染色体（n=10），但某些糖质玉蜀黍有21条或22条，甚至是23条或24条染色体。桑田义备认为玉蜀黍是杂合子，且有一种新型是墨西哥teosinte种。在玉蜀黍的一对染色体中，一条较长，一条较短。桑田义备认为，染色体较长的衍生于墨西哥teosinte种，染色体较短的衍生于某一不知名物种。有时，较长的染色体会断裂成两截，

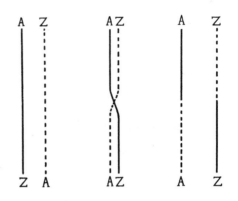

□ 图105

两条染色体在相反方向上可能发生的接合方式。

初级型2n+1植株

次级型2n+1植株

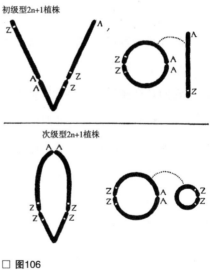

□ 图106

三体型的三条染色体可能发生的接合方式。

这就解释了在糖质玉蜀黍中会出现多余染色体的原因。如果这个解释被证明是正确的（最近有人对此有质疑），那么严格说来，上述21条、22条、23条染

色体类型就不能算作三体型染色体了。

德弗里斯关于含额外染色体的拉马克待霄草的结论，在说明进步性突变的起源上，也就是说明突变和进化的关系上，有重大意义。在三体型个体上所能看到的许多性状上的细微差异，与德弗里斯早期对初级物种的构成好似一下子出现了两种初级物种的定义相符。

应当注意的是，就生殖质来说，当染色体增加一条从而带来突变效应时，所产生的结果就涉及遗传单元[1]实际数目的巨变。这一巨变，当然不能和单个化学分子所带来的变化相提并论。只有将染色体视作一个单元，这样的比较才有意义。从基因的视角来看，染色体的组成是很难符合这种比较的。

就我对异倍体的理解而言，其中最重要的一点，即异倍体可以用来解释在细胞成熟分裂过程中因偶尔反常而出现的奇特有趣的遗传情况。不稳定类型一旦产生，且只要这些类型还能持续存在，它们就会一直不稳定，换句话说，它们就会额外多出一条染色体。在这方面，它们与正常类型的物种有明显不同。然而，大多数的证据都表明，这些异倍体的生存能力并不及平衡型的亲本那么强，因此，它们不可能取代亲本，或者说在不同的环境下无法成为亲本的替代品。

然而，必须将异倍体的出现看作重要遗传事件，对这些异倍体的解释会使很多情况变得明朗起来。如果不知道它们的染色体所揭示的信息，这些情况就可能令很多学者倍感困惑。

德弗里斯指出有六种三体突变类型，之后，又辨认出第七种突变型。第七种与前面六种之间在遗传学上的区别，比前六种两两之间在遗传学上的

---

〔1〕遗传单元是一段产生一条多肽链或功能RNA所需的全部核苷酸序列，也就是基因（基因是遗传的基本单位）。

区别，要明显得多。他表明，这七种三体突变型相当于分别使待霄草中的七对染色体新增一条三体染色体。以下为其中六种突变型，图107所示为相应的染色体组。

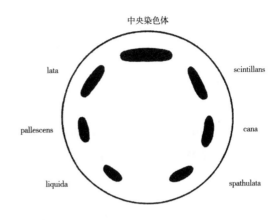

□ 图107

　图展示了德弗里斯的观点，即拉马克待霄草的七种染色体和七种三体突变型之间的关系。

第15染色体的突变型：

1. lata群

　a. semilata

　b. sesquiplex突变型：albida，flava，delata

　c. subovata，sublinearis

2. Scintillans群

　a. sesquiplex突变型：oblonga，aurita，auricula，nitens，distans

　b. diluta, militaries, venusta

3. cana群：candicans

4. pallescens群：lactuca

5. liquida

6. spathulata

这六种初级突变型都包含了其次级突变型。初级突变型和次级突变型之间的相互关系，不仅表现为性状上的相似性，也表现在两者互相转变的频率上。其中，albida和oblonga两型，各有两种卵细胞和一种花粉细胞，被称为one-and-one-half型或sesquiplex突变型。另外一种次级突变型candicans，也是一种sesquiplex型。图107中，染色体组群内的中央染色体，也是最长的一条染色体，其携带volutine的一些"因子"，或lata的一些"因子"。根据莎尔所找到的证据，德弗里斯将新突变型funifolia和pervirens纳入它们的次级突变型之中。因此，按照莎尔的观点，似乎拉马克待霄草的其他五种突变型[1]，以及含有使这些因子维持平衡致死状态的若干致死因子的突变型，多半都属于这一群。莎尔阐述道，这些隐性性状的出现，是由于这里暂时被认定为中央染色体的一对染色体发生了交换。

---

〔1〕红萼芽体及其四个等位因子：红茎（加强因子）、短株、桃色锥芽状和硫色花。

第十三章　种间杂交和染色体数目的变化

因为杂合子生殖细胞内的染色体不能成功接合，所以两倍的染色体数目得以保留。其两倍染色体数目可以通过杂合子与亲代回交的方式维持下去，但由于杂合子不可育，所以在自然环境下，这种杂交不会得到任何稳定的物种。

不同染色体数目的物种相互杂交的结果，向我们揭示了一些有趣的关系。某一物种的染色体数目或许正好是其他物种的两倍或三倍；在另一些案例中，多染色体物种的染色体数目或许不是少染色体物种的染色体数目的整倍数。

□ **图108**

圆叶种茅膏菜的二倍体染色体组（图a）和单倍体染色体组（图b）。

罗森伯格在1903—1904年间所做的两种茅膏菜杂交的实验，是最经典的一个例子。

长叶种茅膏菜有40条染色体（n=20），圆叶种茅膏菜有20条染色体（n=10）（如图108），两者所得杂合子有30条染色体（20+10）。杂合子的生殖细胞在成熟期间，有10条染色体是由两条染色体接合而成的，即二价染色体，还有10条单染色体（未发生接合）。对此，罗森伯格的解释是，长叶种茅膏菜中的10条染色体与圆叶种茅膏菜中的10条染色体彼此接合，长叶种茅膏菜余下的10条染色体没有匹配对象。在生殖细胞的第一次成熟分裂期，10条接合的染色体分离开来，分别去向相反的两极；剩下的10条单染色体呈不规则分布，在没有分裂的情况下去向子细胞。不过，所得的杂合子是不可育的，不能用于进一步的遗传研究。

古德斯皮特（Goodspeed）和克罗森（Clausen）对两种烟草（tabacum和sylvestris）的杂交进行了广泛研究，然而，这两种烟草的染色体数目最近才被确定下来：tabacum有24条（n=12），sylvestris有48条（n=24）。至今，还未找到染色体数目的差异与遗传学结果的联系；对于成熟分裂时期染色体的行为，也未曾有过报告。

这两种烟草杂交所得的杂合子，在各个方面都与tabacum亲型相似，甚至当该亲型的基因相对于tabacum型的正常因子呈纯隐性（即为隐性纯合子）作用时，也是如此（即对tabacum型的一些变种进行杂交）。古德斯皮特和克罗森解释道，这样的结果意味着tabacum型的那组基因对于sylvestris型的基因而言，呈显性。他们如此表述：在杂合子的胚胎发育过程中，tabacum型的"反应系"占优势，或者说，"两个系统的要素间是互不相融的"。

虽杂合子高度不育，但也会形成少数有作用的胚珠。如繁育结果所示，这些有功能的胚珠要么全部（或者大部分）是tabacum型，要么全部（或者大部分）是sylvestris型。由此，看似可以得出这样的结论：在杂合子中，只有含亲代中一套完整（或是几乎完整）的染色体组时，胚珠才能起作用。以下这个实验就是以此为根据进行的。

当杂合子与sylvestris型的花粉结合时，会得到各种各样的类型。其中会有很大比例的植株的所有性状都表现为纯种的sylvestris型。这样的植株都是可育的，而且会繁育出纯种的sylvestris型后代。因此，只能假定它们是由含sylvestris型的染色体群组的胚珠与sylvestris型的花粉结合而来的。同样存在与sylvestris型相似的植株，但其所含有的其他要素极有可能是从tabacum型的染色体组群得来的，这种植株不可育[1]。

将所得杂合子与亲代tabacum型回交，并未成功。但田间出现了开放式授粉所得的杂合子，无疑是与tabacum型的花粉结合而来的，因为该杂合子和tabacum型植株相似。这些杂合子中存在部分可育个体，且所得后代不会表现出sylvestris型的性状。无论它们有什么tabacum型的基因，这些基因都表现出（孟德尔式的）分离现象。在这些杂合子中还有不可育的物种，这些物种和

---

〔1〕对应前文所说，当杂合子的胚珠中须具备亲代任一型的整组染色体（或几乎是整组染色体）时，才（或者是大多数）可育。

tabacum型与sylvestris型所得的杂合子相似。

这些不平常的结果，还有另一方面的重要性。子一代可以通过两条途径得来，即两种物种（tabacum型与sylvestris型）都可以为子一代提供胚珠。由此可以得出以下结论：即使是在sylvestris型的细胞质中，tabacum型的基因群组也会完全决定个体的性状。既然这一证据是在完全不同的两个物种中的细胞质内得出的，那么便可将其作为强有力的证据去支撑如下观点：基因决定个体的性状。

古德斯皮特和克劳森所提出的"反应系"这个概念，虽然大胆新颖，但原则上与基因的一般解释没有任何冲突。这仅仅意味着，当sylvestris型的单组基因与tabacum型的单组基因对立时，sylvestris型的单组基因是完全隐藏起来的，没有效果。但是，sylvestris型的染色体依旧原样保留在细胞中，它们并未被丢失或是被损坏。因为在同sylvestris型亲代进行回交时，后代又会从杂合子中得到一组具有功能的sylvestris型的染色体。

巴布科克（Babcock）和柯林斯（Collins）用各种黄鹌菜[1]（莴苣菜属）进行了一系列杂交实验。曼（1925）对杂交所得的杂合子的染色体做过研究。

柯林斯和曼用有8条染色体（n=4）的setosa黄鹌菜和有6条染色体（n=3）的capillaris黄鹌菜做杂交实验，所得杂合子有7条染色体。在成熟期，一些染色体会接合在一起，另外一些没有分裂的染色体则会散落在花粉母细胞内，形成各含2条至6条染色体的细胞核。在第二次成熟分裂期，所有的染色体（至少在为数较多的一群里的染色体）都会各自分裂，去向相反的两极。通常情况下，细胞质会分化为4个细胞，但有时会分裂为2粒、3粒、5粒或6粒小

---

〔1〕黄鹌菜：一年生或二年生草本，生长于山坡、路边、林缘和荒野等地。分布遍及中国，也见于亚洲温带和热带其他国家。

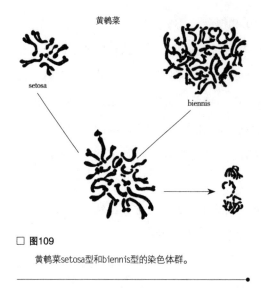

黄鹌菜

setosa

biennis

□ **图109**

　　黄鹌菜setosa型和biennis型的染色体群。

孢子。

　　这些含7条染色体的杂合子，不会产生有繁育能力的花粉，但会产出一些有繁育能力的胚珠。当该杂合子的胚珠与亲代中某种植株的花粉结合时，会得到含有8条或7条染色体的五种植株。检测含有8条染色体的植株的成熟分裂情况，发现其有4条二价染色体，且分裂情况正常。该植株（含有8条染色体）在性状上和setosa型相似，且有着相同类型的染色体。这样，其中一种亲型的性状得以恢复。

　　另一组杂交实验是，有着40条染色体（n=20）的biennis型和有着8条染色体（n=4）的setosa型（如图109）之间的杂交。所得杂合子有24条染色体（20+4）。在杂合子细胞的成熟时期，至少会有10条二价染色体和少量单价染色体。既然setosa型只提供了4条染色体，那么，biennis型中必然会有染色体相互接合。在后期细胞分裂时，染色体中会有2条到4条是滞后的，但最后这些染色体都会进入一个细胞核。

　　杂交所得的子代杂合子都是可育的，孙代（子二代）植株有24条或25条染色体。这里看似有希望得到一个稳定新型品种（子一代）。在新品种中，有一对或是几对染色体是从含有更少染色体数目的物种中衍生而来的。杂合子中含有10条接合的二价染色体，这表明biennis型是一个多倍体，很有可能是八倍体。在杂合子中，同类染色体会接合在一起。子一代中有着一半biennis型的染色体的杂合子，是一年生植株，然而biennis型的植株自身是二

年生植株。这是因为染色
体数目的减少，使其生活
习性发生了改变，其植株
成熟期只有二年生biennis
型的一半。

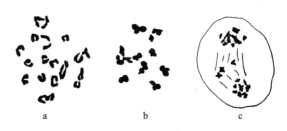

□ **图110**

　　图a为多年生大刍草在减数分裂后的染色体群；图b为其和玉蜀黍maize型所得杂合子在减数分裂后的染色体群；图c为玉蜀黍在减数分裂后的染色体群。

　　郎利曾描写过两种
类型的墨西哥大刍草，
一种是有20条染色体
（n=10）的一年生墨西
哥型mexicana，另一种是有40条染色体（n=20）的多年生perennis型。两种大
刍草都能进行正常的减数分裂。二倍体大刍草（n=10）和玉蜀黍（n=10）杂
交，会得到含有20条染色体的杂合子。在成熟时期，杂合子的生殖细胞中含
有10条二价染色体。按照通常情况，这可以解释为：大刍草的10条染色体和
玉蜀黍的10条染色体接合在了一起。

　　当多年生的大刍草（n=20）和玉蜀黍（n=10）杂交时，所得杂合子含30
条染色体。在花粉母细胞的成熟期，研究者发现了一些三价染色体群松散
地接合在一起，还有一些二价染色体和一些单染色体。三者的比例分别为
4：6：6，或1：9：9，或2：10：4（如图110b）。在第一次分裂期，二价染
色体分裂开来去向两极；三价染色体也分裂，其二去向一极，其一去向另一
极；单染色体不分裂，散落分布，并随机去向两极（如图110c）。结果，染
色体的分布极不平衡。

　　近期有一个案例，谈到用染色体数目差距较大的两种物种杂交，从而
得到稳定的可育新型杂合子。永达尔（Ljungdahl，1924）用有14条染色体
（n=7）的罂粟nudicaule型和有70条染色体（n=35）的striatocarpum型杂交，
得到了含有42条染色体的杂合子。在生殖细胞成熟期，出现了21条二价染

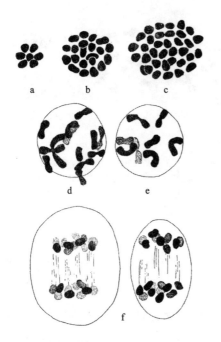

色体（如图111b，图111c，图111d，图111e）。之后，这些二价染色体分裂，每21条进入一极。不存在单染色体，也不会有染色体滞留在纺锤体附近。这样的结果，只能作如下解释：nudicaule型中的7条染色体与striatocarpum型中的某7条染色体相接合，剩下的28条染色体两两接合形成了14条二价染色体。如此一来，我们可观察到的二价染色体的总数为21条。我们自然而然便可得出这样的假设：有70条染色体的striatocarpum型极有可能是一种十倍体，即每一种染色体都会有10条。

□ **图111**

　　两种罂粟间的杂交：图a为nudicaule型，14条染色体（n=7）；图b为杂合子，42条染色体；图c为striatocarpum型，70条染色体（n=35）；图d和图e为杂合子的胚胎母细胞；图f为杂合子首次成熟分裂的后期（仿照永达尔）。

　　所得的新类型（子一代）会产生有21条染色体的生殖细胞，这种新类型平衡且稳定，是可育的，预期它会产生稳定的新型物种。由它继续繁殖得到其他稳定的物种，这在理论上也是可行的。如果用它与亲代的nudicaule型回交，会得出四倍型（21+7=28）；如果用它与亲代的striatocarpum型回交，会得出八倍型（21+35=56）[1]。这

---

〔1〕原文中将56错写为46。

里，通过二倍体和十倍体的杂交，或许会得出稳定的四倍体后代、六倍体后代和八倍体后代。

费德莱关于Pygaera属的蛾系列的实验（第九章），揭示了一种极其不同的关系。因为杂合子生殖细胞内的染色体不能成功接合，所以两倍的染色体数目得以保留。其两倍染色体数目可以通过杂合子与亲代回交的方式维持下去，但由于杂合子不可育，所以在自然环境下，这种杂交不会得到任何稳定的物种。

第十四章　性别与基因

目前对于性别决定机制的理解，主要有两个来源。细胞学学者发现了某特定染色体所起的作用，而遗传学学者又进一步发现了体现基因作用的一些重要事实。

已知的决定性别的机制主要有两种。这两种机制看似背道而驰，但它们所包含的准则其实是相同的。

目前对于性别决定机制[1]的理解，主要有两个来源。细胞学学者发现了某特定染色体所起的作用，而遗传学学者又进一步发现了体现基因作用的一些重要事实。

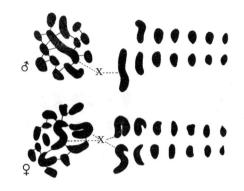

□ 图112

　　雌雄两性蓝凤蝶的染色体群。雄性（上图）含有一条X染色体，不含Y染色体；雌性（下图）含有两条X染色体。

已知的决定性别的机制主要有两种。这两种机制看似背道而驰，但它们所包含的准则其实是相同的。

我们将第一种类型称为昆虫型，那是因为昆虫为这种性别决定机制提供了最好的细胞学和遗传学证据；我们将第二种类型称为鸟型，那是因为在鸟类中能找到这种性别决定机制的细胞学和遗传学证据。其实，蛾类的性别决定机制也属于鸟型。

昆虫型（XX-XY）

在昆虫型中，雌性昆虫含有两条X染色体（如图112）。当雌性昆虫的卵细胞成熟后（也就是说，在每个卵细胞都释放出两个极体之后），其染色体数

---

　　〔1〕性别决定机制：从生物育种学看，指有性生殖生物产生性别分化，并形成种群内雌雄个体差异的机制；从细胞分化与发育上看，由于性染色体上性别决定基因的活动，胚胎发生了雄性和雌性的性别差异；从遗传学上看，则是在有性生殖生物中决定雌、雄性别分化的机制。多数动物和某些植物具有两性之分，不同生物的性别决定因素存在较大差异，综合起来主要分为两大类，即遗传因素决定性别和环境因素决定性别。

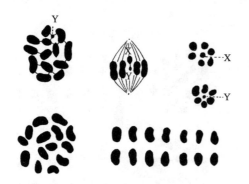

□ **图113**
　　雌雄两性红长蝽的染色体群。雄性（上图）含有一条X染色体和一条Y染色体；雌性（下图）含有两条X染色体，不含Y染色体。

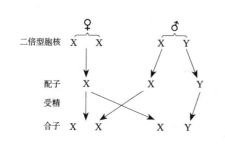

□ **图114**
　　XX-XY型性别决定机制。

目会减少到一半[1]。然后每个成熟的卵细胞都只含一条X染色体和一组常染色体。雄性昆虫只含一条X染色体（如图112）。在某些物种的雄性中，X染色体没有匹配的染色体，而在另外一些物种的雄性中，X染色体含有与之相匹配的Y染色体（如图113）。在第一次成熟分裂期，X染色体和Y染色体分别进入相反的两极（如图113）。一个子细胞得到X染色体，另一个子细胞得到Y染色体。在第二次成熟分裂期，X染色体和Y染色体都中缢成两条子染色体。其结果是，四个细胞后来都发育成为精子，其中两个各含有1条X染色体，另外两个各含有1条Y染色体。

　　用含X染色体的一个精子（如图114）对任何一个卵细胞进行受精，都会得到含有两条X染色体的雌性；用含Y染色体的一个精子对任何一个卵细胞进

　　[1]一个初级卵母细胞经过第一次减数分裂，形成一个次级卵母细胞和一个极体（第一极体），次级卵母细胞经历第二次减数分裂，形成一个卵细胞和一个极体（第二极体），最后两个极体死亡，只留下卵细胞。

行受精，会得到雄性。因为卵
细胞和含X染色体的精子或含Y
染色体的精子结合的概率是一
样大的，那么预期在所得后代
中，雌性和雄性各占一半。

　　这样的机制可以用于说
明，一些物种的后代，雌雄比
例表面上不符合孟德尔式3：1
的比例，但经严密筛查之后，
却发现这些表面上的例外情况
正好证实了孟德尔第一定律。
例如，如果白眼雌蝇和红眼雄
蝇交配，所得后代中雌蝇会
是红眼，雄蝇会是白眼（如图
115）。如果X染色体携带红眼
基因和白眼分化基因，那么，
以上解释便很清晰了。其子代

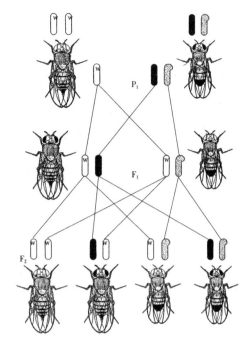

□ **图115**

　　果蝇白眼性状的遗传。白棒（w）表示携带白眼基因的
X染色体；黑棒表示携带其等位基因"红眼"的X染色体；带
点棒表示Y染色体。

雄蝇（只含一条X染色体）从白眼母蝇那里得到一条X染色体；子代雌蝇也从白
眼母蝇那里得到同样一条X染色体，同时从其红眼父蝇那里得到一条X染色
体。红眼基因（也就是父方基因）因为是显性基因，所以子代雌蝇呈红眼。

　　如果让子代雌蝇和子代雄蝇交配，孙代得到的红眼雌雄蝇和白眼雌雄蝇
的比例是1：1：1：1。这个比例是由X染色体的分布得来的（如图115）。

　　顺便提一下，来自细胞学和遗传学两方面的证据，尤其是遗传学方面的
证据，都表明人类是属于XX-XO型或者说XX-XY型。只是到了最近，我们
才确定了人类染色体的具体数目。先前观察到的个体的染色体数目较少，已

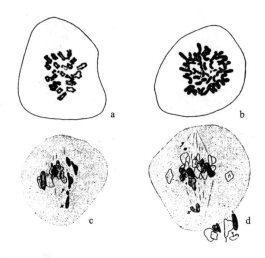

□ 图116

　　图a为德维尼沃特所提出的由减数分裂得来的人类细胞的染色体群；图b是佩因特所提出的人类细胞的染色体群；图c和图d为佩因特所提出的第一次减数分裂时期X染色体和Y染色体的分离侧视图。

被证明是不正确的。因为在浸制细胞时，染色体有互相粘连成群的趋势。德维尼沃特（de Winiwarter）提出，女性含有48条染色体（n=24），男性含有47条染色体（如图116a），这一结果已被佩因特（Painter）证实。不过佩因特最近提出，男性中还有一条小的染色体，作为稍大的X染色体的配偶（如图117）。佩因特认为，这两条染色体就是一对XY。这样一来，男性和女性都含有48条染色体，只是男性有一对大小不一的染色体。

　　更新的研究结果是奥古马（Oguma）给出的，他证实了德维尼沃特的数据，发现男性染色体中并不存在Y染色体[1]。

　　人类的遗传学证据是十分明晰的。血友病的遗传，色盲的遗传以及其他两三种性状的遗传，都是按上述白眼果蝇的遗传方式遗传给后代的。

　　下列的动物组群的性别决定机制属于XX–XY型，或是XX–XO变型（O表示缺失Y或不存在X）。除人类之外，另外几种哺乳动物也存在这种机制，包括

─────────────────────

〔1〕著名的生物学家奥古马曾经做过一个实验，希望能了解有关雄鸽和雌鸽的染色体。他利用4 000倍的显微镜来观察雄鸽和雌鸽的染色体，但所得结论是他找不到雄鸽X染色体所对应的染色体；换句话说，他在显微镜下没有找到所谓的Y染色体。

马和负鼠，可能还包括豚鼠。两栖动物和硬骨鱼极有可能也属于这种类型。除了鳞翅目（蛾子和蝴蝶），大多数昆虫也属于这一类。线虫和海胆也属于XX-XO的类型。然而，膜翅类昆虫的性别决定却另有一套机制（见下文）。

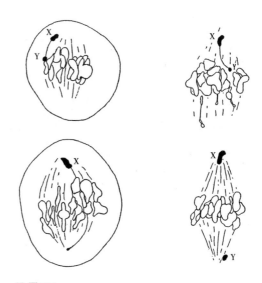

□ **图117**

人类生殖细胞的成熟分裂，阐释了X染色体和Y染色体的分离。

鸟型（WZ-ZZ）

性别决定机制的另外一种类型是鸟型，如图118所示。雄鸟有两条相同的性染色体ZZ。它们会在一次成熟分裂期分开，致使每一个成熟的精细胞都含有一条Z染色体。雌鸟有一条Z染色体和一条W染色体。当卵细胞成熟（分裂）之后，每个分裂所得的卵细胞会得到一条染色体。这样一来，一半的子卵细胞含有Z染色体，另一半的子卵细胞含有W染色体。任何含有一条W染色体的卵细胞和含有Z染色体的精子结合会得到雌鸟（WZ），任何含有一条Z染色体的卵细胞和含有Z染色体的精子结合会得到雄鸟（ZZ）。

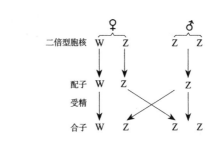

□ **图118**

WZ-ZZ型性别决定机制。

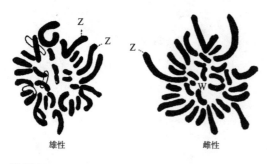

□ 图119

　　公鸡和母鸡的染色体群。

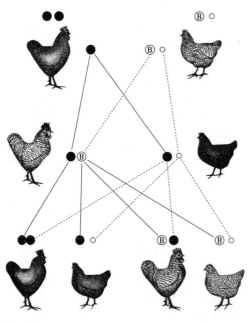

□ 图120

　　带花纹的家禽与黑色家禽的杂交，体现了性连锁型遗传规律。

　　在此，我们再次发现了一种可以自动得出相同数目的雌雄两种个体的机制。同之前的例子相同，受精时期发生染色体接合会得到1∶1的雌雄比例。鸟类的这种遗传机制的证据来源于细胞学和遗传学两个方面，但是细胞学证据目前还不能完全令人信服。

　　斯蒂文斯（Stevens）表示，公鸡有两条同样大的长染色体，假定为ZZ[1]（如图119），而母鸡只有一条这样的长染色体。石和后（Shiwago）和汉斯证实过这样的关系。

　　鸟类的遗传学证据是毋庸置疑的，这一证据源于性连锁遗传。如果让黑色狼山型公鸡和花纹Plymouth rock型母鸡交配，所得雄性个体都有花纹，而雌性个体都是

―――――――――――――

〔1〕原著中错误表示为XX。

黑色的（如图120）。如果Z染色体携带分化基因，则预期所得结果应和上述相同，因为子一代的雌性会从其父代得到Z染色体。如果让子代的后代杂交，会得到花纹公鸡、花纹母鸡、黑色公鸡、黑色母鸡共四种类型，比例为1：1：1：1。

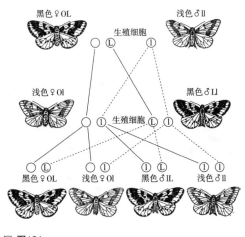

□ **图121**

醋栗蛾的性连锁遗传。

在蛾类中也发现了同样的遗传机制，其细胞学证据更为明确。当黑色醋栗蛾的雌性野生变体型与浅色的雄性突变型交配时，其雌性子一代和父方比较相似，拥有浅色性状；而其雄性子一代则和母方比较相似，拥有黑色性状（如图121）。子一代雌性从父方那里得到一条Z染色体；子一代雄性从母方那里得到一条Z染色体，从父方那里得到另外一条Z染色体。母方的Z染色体携带显性的黑色基因，因此其雄性子一代都是黑色性状。

田中义麿（Tanaka Yoshimaro，1884—1972）发现，蚕蛾幼虫时期的透明质皮肤是一种性连锁性状，这种性状似乎也是通过Z染色体遗传给下一代的。

Fumea casta型雌蛾有61条染色体，雄蛾有62条染色体。卵细胞中的染色体接合之后，会有31条（图122a）。在第一次分裂出极体时，30条二价染色体分离后分别进入相反的两极；第31条单价染色体在未分裂的情况下随机进入某极（如图122b和b′）。结果，有半数卵细胞含有31条染色体，半数卵细胞含有30条染色体。在第二次分裂出极体时，所有染色体一分为二，所得子细胞中染色体的数目和分裂之前的数目相同（即30或31）。当精细胞成熟时，

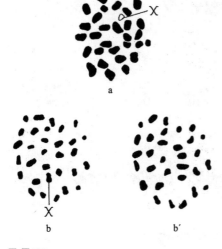

□ **图122**

　　图a为Fumea casta型雌蛾的卵细胞减数分裂后的染色体群；图b和图b′为卵细胞第一次成熟分裂时两个极体的染色体群。单条X染色体只存在于某一极。

染色体会接合成31条二价染色体。在细胞的第一次成熟分裂期，每组染色体（即二价染色体）会分离开来；在细胞的第二次成熟分裂期，分离而来的染色体又会一分为二，每个精子都会含有31条染色体。卵细胞受精后可得到下列组合：

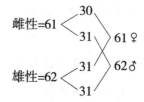

　　赛雷尔发现，Talaeporia tubulosa型雌蛾有59条染色体，雄蛾有60条染色体。但在Solenobia pineti型雌蛾或雄蛾以及其他几种蛾类中，均看不到未成对的染色体。另一方面，Phragmatobia fuliginosa型蛾却有一条或两条包括性染色体在内的复染色体[1]：雄蛾含有两条这样的复染色体；雌蛾只含一条与雄性的复染色体相似的染色体。在含有W因子和Z因子不分开的染色体的其他蛾类中，这样的现象似乎也出现过。

　　费德莱让Pygaera anachoreta型和Pygaera curtula型这两种蛾杂交，证明了蛾类的性连锁遗传。这一案例很有趣，因为每一物种的雌雄幼虫都是相似的，但不同物种的幼虫会表现出一些物种间的差异。在同一物种内没有二形

---

　　[1]复染色体：几条染色体连接起来好像一条染色体。

的种间差异[1]，成了子代幼虫性二形的基础（当杂交依循"一个方向"进行时），其原因正如结果所示，两种幼虫间基因的主要不同在于Z染色体。当anachoreta蛾为母方，而curtula蛾为父方时，所得杂合子幼虫在第一次蜕变之后，就会变得极不相同：杂合子中的雄蛾幼虫会与母族（anachoreta）的性状十分相似，而杂合子中的雌蛾幼虫会与父族（curtula）的性状非常相近。

若反着来交配，即anachoreta蛾为父方，curtula蛾为母方，所得的子代杂交种则完全相似。这一结果，可以用下列的假设来解释：anachoreta蛾的Z染色体所携带的一个（或多个）基因，相对于curtula蛾的Z染色体上所携带的一个（或多个）基因，呈显性。这一案例的有趣之处在于，某物种的基因相对于另一物种的相同染色体上的等位基因来说，呈显性。这种解释，同样适用于由子代雄蛾与任一亲代回交所得的孙代，但需要将后代的三倍性考虑在内（见第九章）。

我们没有理由去假设XX–XY型的性染色体和WZ–ZZ型的性染色体是相同的。反之，我们也无法想象，某一物种直接变成另一物种。尽管两种类型中所包含的基因是相同的或几乎相同的，但决定两性平衡的某种变化，依旧可以在两种类型中独立发生——这一假设在理论上是不存在困难的。

雌雄异株显花植物的性染色体

1923年让人震惊的事情之一，是四位独立的研究者同时发声：在一些雌雄异株显花植物中，存在XX–XY型机制。桑托斯（Santos）发现雄株伊乐藻[2]的体细胞中存在48条染色体（图123），其中有23对常染色体和1对长短不一

---

[1] 同属异种之间的差异。
[2] 伊乐藻：水鳖科水蕴藻属多年生沉水草本植物。

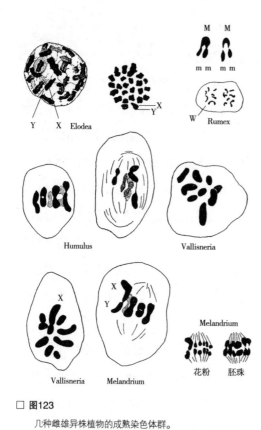

□ 图123

几种雌雄异株植物的成熟染色体群。

的ＸＹ染色体。在细胞成熟期，ＸＹ染色体会分离开来，由此得到两种花粉粒，一种是含有Ｘ染色体的花粉粒，另一种是含有Ｙ染色体的花粉粒。

另外两个细胞学者木原均和小野知夫（Ono），发现酸模属雄株的体细胞内含有15条染色体，其中有6对常染色体和3条异染色体[1]（m1，m2和M）。这3条染色体会在生殖细胞成熟期聚集到一起，组成一个群（图123）。当生殖细胞成熟分离时，M染色体去向一极，2条m染色体m1和m2去向另一极。于是便形成了两种花粉粒，其一是6a+M，其二是6a+m1+m2。后者是雄性的决定因素。

温格（Winge）在两种啤酒花（又名蛇麻花）[2]lupulens型和japonica型中发现了一对ＸＹ染色体。雄株中出现了9对常染色体和1对ＸＹ染色体。他还发

---

〔1〕异染色体：亦称为异质染色体，最初被用作常染色体的对应词，也就是说，异染色体是与常染色体在大小、形态和行为上相异的染色体。

〔2〕啤酒花：桑科葎草属，多年生攀援草本植物。

现在苦草[1]Vallisneria spirales型中，雄性植株含有1条未成对的X染色体，其表达公式为8a+X。

克伦斯通过对女娄菜进行栽培，发现其雄株有异形配子。根据温格的研究，得出其雄株的公式为22a+X+Y，这也与克伦斯的推理相符。

布莱克本女士也对雄株女娄菜的一对长短不同的染色体做过研究，她为证据链增添了另一条重要的线索：雌株中含有两条长短相同的性染色体，其中一条与雄株两条性染色体中的某一条相同（图123）。在成熟分裂时期，这两条染色体（雌株中的两条性染色体）先彼此接合，再进行减数分裂。

在我看来，我们可以很确切地从以上证据得出结论：至少有部分的雌雄异株植物的性别决定机制，与动物中所呈现的性别决定机制是相同的。

苔藓类的性别决定机制

早在显花植物的染色体被发现数年前，马夏尔夫妇就对雌雄异株的藓类孢子——藓类植株里的配子体，分雄性配子体和雌性配子体——做过研究，并发现从同一孢子母细胞中衍生而来的四粒孢子中，有两粒发育成雌性配子体，其余两粒发育成雄性配子体。

紧接着，艾伦在亲缘关系较近的苔类植株群（如图124）中，发现单倍体的雌原叶体（也称配子体）有8条染色体，其中最长的1条是X染色体；且单倍体的雄原叶体（也称配子体）也有8条染色体，其中最短的1条是Y染色体。这样，由受精卵发育而成的孢子体，有16条染色体（X、Y染色体各1条）。在孢子形成的过程中，发生减数分裂，X染色体和Y染色体分离。半数含有1条X

---

〔1〕苦草：别称蓼萍草，扁草，多年生无茎沉水草本，其有药用、观赏、经济等多种价值。

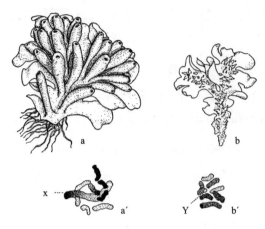

□ **图124**

图a为雌性苔类植株；图b为雄性苔类的原叶体；图a′表示有
一条较长X染色体的雌性；图b′表示有一条较短Y染色体的雄性。

染色体的单倍型孢子最终发育成雌原叶体，还有半数含有1条Y染色体的单倍型孢子最终发育成雄原叶体。

最近，维特斯坦用雌雄异株的藓类植株做过一些精密实验，并进行了深入的分析。他沿用马夏尔夫妇的实验方法，培育出了同时含有雄性染色体和雌性染色体的配子体（图125）。例如，按照马夏尔夫妇的方法，他将含孢子的根茎切成片段（其细胞是二倍型）。由这些片段发育而来的配子体是二倍体。用这一方法，他得到了雌雄（FM）兼备的配子体。

接下来，他又用一种产生二倍体藓类雌株和雄株的方法，得到了双重雌性（FF）和双重雄性（MM）植株。他用水合氯醛[1]和其他药剂处理原丝体，这样一来，在成熟个体细胞的染色体分裂之后，细胞质受到了抑制。由此，在这些雌雄异体的植株中产生了二倍型的巨大细胞，这些二倍型细胞各自含有两倍雌性要素或是雄性要素，例如染色体（数目）。然后，维特斯坦通过人工手段，从这样的二倍型细胞中培育出几种新型组合的植株，其中有些是三倍体，有些是四倍体。这些组合中最有趣的几类可见图125右侧

---

〔1〕水合氯醛：又名水合三氯乙醛，是一种具有刺鼻的辛辣气味、味微苦的有机化合物，有毒。常用作农药、医药中间体，也可用于制备氯仿、三氯乙醛。

所示。

雌原丝体的一个二倍型细胞会发育成二倍体植株FF，该植株又会产生二倍型卵细胞。同理，二倍型雄原丝体的细胞也能发育成MM植株，且产生二倍型精细胞。当FF卵细胞与MM精细胞结合时，会得到四倍体孢子型（FFMM）。

当FF型胚珠与正常雄性的精细胞M发生受精作用时，会得到三倍型孢子体（FFM）。因此：

□ **图125**
　　苔藓类二倍体和三倍体的不同组合方式。

［配子］　M　　　　FF　　　　MM
［孢子体］　　FFM　　　FFMM

FFM或FFMM这两种孢子体，每一种都能再生出相应的配子体。这些配子体都能发育出雄性和雌性，且都能产生卵细胞和精细胞。但雌性器官（颈卵器）和雄性器官（精子器）在数量上的差异，以及它们所出现的时间先后，都表现出了特殊性。

据说，马夏尔夫妇得到了维特斯坦所用的同一物种的二倍型FM配子体，而且他们表示，这一配子体既能产生雄性器官也能产生雌性器官。维特斯坦也证实了这一点，而且他还指出，雄性器官的形成先于雌性器官的形成。

将FM、FFM和FFMM三种类型进行比较，也是有趣的。FM植株很明显是雄蕊器官更早熟的类型。一开始，其精子器的数量就会比颈卵器的多，而颈卵器的发育较晚。

就像维特斯坦所说，FFMM型植株也明显是雄蕊先成熟，且比FM强两倍。一开始，只出现精子器；同一年稍晚，当精子器开始凋落时，才出现一些新生的颈卵器，而有些植株根本不会发育出颈卵器。更晚一些，雌性器官才开始发育旺盛。

三倍体植株是雌蕊先成熟。一开始，当FFMM型四倍体植株只有雄性器官时（7月），三倍体植株只有雌性器官，往后（9月间），其雄性器官和雌性器官才同时具备。

这些实验都是很有趣的，原来是雌雄异体的植株，经过将雌雄两种要素进行组合，可以人工培育出雌雄同体的植株。结果还可以表明，性器官发育的先后顺序，是由植株的年龄所决定的。更重要的是，往相反方向改变遗传组合，能颠倒实际上两性器官发育的时间顺序。

第十五章　其他涉及性染色体的
性别决定方法

　　在一些动物中，除了可以通过前一章所谈及的对生殖细胞中的性染色体进行重新分配之外，还有其他方式决定性别。例如：X染色体附着在常染色体上，Y染色体决定雄性，成雄精子的退化，通过去除二倍型卵细胞中的一条X染色体得到雄性，在精子形成过程中偶然损失的一条染色体引起的性别决定，等等。

在一些动物中，除了可以通过前一章所谈及的对生殖细胞中的性染色体进行重新分配之外，还有其他方式决定性别。

X染色体附着在常染色体上

在少数已知物种中，附着于其他染色体上的性染色体，会更倾向于将其X染色体和Y染色体的不同性质隐藏起来。即使在这种情况下，也能检测到性染色体的存在：性染色体有时候会分离开来，比如蛔虫（如图126）；或者是X染色体有着独特的染色体性质，与雄性中的其他染色体不同；或者像赛雷尔所研究的某种蛾子一样，有可能胚胎体细胞内的复染色体会分散成许多小的染色体。

□ **图126**
　蛔虫卵细胞内的两条小X染色体从常染色体分离的情况。

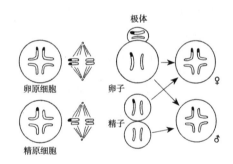

□ **图127**
　X染色体在雄雌两种蛔虫中的分布情况。

性染色体与普通染色体（我们所称的常染色体）的附着，会引起对性连锁遗传机制的批判，尤其是当雄性中有X染色体附着的某条常染色体与同对中无X染色体附着的染色体之间发生交换时。下面的例子，可用以阐述这一点。在图127中，蛔虫常染色体的黑色末端表示附着在常染色体上的X染色体。雌性蛔虫有两条X染色体，分别附着于同一对常染色体的末端，其成熟的卵细胞都会有一条复染色体（附着有X染色体）。雄性蛔虫只有一条X染色体，这条X染色体附着于相应的常染色体上，但成对的另一条常染色体上没有附着X染色体。在细胞成熟之后，一半精细胞会有X染色体，另一半精细胞不会有X染色体。很明显，这种蛔虫的性别决定机制，和XX-XO型性别决定机制相同。

在雌蛔虫的两条X染色体之间和两条附着常染色体之间，均可能发生交换。但在XO型雄蛔虫中，情况就不一样了。在雄蛔虫中，附着X染色体的常染色体与配对的常染色体没有复合部分，因此就不会发生交换，这就保证了性别分化基因和性别决定机制的一致性；但在常染色体无X染色体的复合部分，即使发生互换也不影响性别决定机制。复合部分中X染色体上的基因所决定的性状，一定会展现出性连锁遗传：当隐性基因出现在X染色体片段上时，该隐性性状会出现在雄性子代中；当隐性性状基因位于常染色体的其他片段时，该性状则不会出现在其雄性子代中。然而，位于常染色体片段的基因所表现出来的性状，部分会和性别有一定的连锁，也会和位于复染色体上的X染色体的片段基因所表现出来的性状有一定的连锁关系[1]。

在以上假设中，这条没有X染色体附着的常染色体（也就是与有X染色体附着的复染色体配对的那条），似乎相当于普通XX-XY型中的Y染色体（因为它局限于雄性之中）。不同之处在于，这条无X染色体附着的常染色体上的基因，与有X染色体附着的常染色体上的基因有相同的部分。事实上，根据近来有关遗传的案例，某些基因有时也由Y染色体携带。这些案例，刚好说明了Y染色体自身有时可以携带基因。

---

〔1〕根据麦克朗（McClung）所说，雄性蚱蜢的X染色体不一定都一成不变地附着于特定的常染色体上。尽管在某一个体中的X染色体的附着是恒定的，但在其他个体中，X染色体的附着是自由的。如果此类型中的这类性状是性连锁的话，那么它们的遗传可能是相当复杂的，毕竟X染色体和常染色体之间的附着关系不恒定。

如果按照上述解释，这样的说法是不会引起反对的；但如果解释中还有其他含义，那么显然是会引起反对的。如果雄性中的X染色体和Y染色体普遍都可以进行交换，那么染色体的性别决定机制就会瓦解。如果真的有交换发生，一段时间之后，这两条染色体就会变得一样，那么维系雌雄平衡的差异也会随之消失。

Y染色体

现有两组遗传学证据支持Y染色体上或许携带孟德尔式因子（遗传基因）。施密特、会田龙雄和温格发现，两种不同种系的鱼类的Y染色体携带着一些基因。戈尔德施密特对毒蛾种间杂交的结果进行分析，也做出了同样的解释，即携带基因的染色体为性染色体（但这里是W染色体上携带着基因）。毒蛾实验结果会在性中型一章中予以阐述。现在，我们只讨论鱼类的实验结果。

虹鳉是一种小型缸养鱼，通常生长于西印度群岛和南美的北部地区。其雄鱼体色极鲜艳，与雌鱼有很明显的区别（如图128）。异种雌鱼个体间很相似，异种雄鱼则存在体色上的差异。施密特发现，如果将某种雄鱼与另一种类的雌鱼交配，所得子一代雄鱼和父方相似。如果将子一代杂种进行自交，所得子二代雄鱼再一次与其父方（子一代中的雄鱼）相似，而且没有一只雄鱼的性状与其母方相似。以此类推，子三代和子四代中的雄性都与其父方相似。从这里似乎可以看出，从母方传承过来的性状，都不会表现出孟德尔式分离现象。

将这些鱼类进行正反交[1]，也会得到相同的结果：其子一代的雄鱼和

---

〔1〕即父母的性状和原来实验时父母的性状完全相反。

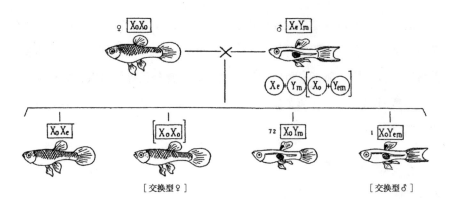

□ **图128**

虹鳉的性连锁性状，该性状基因由X染色体和Y染色体携带。

子二代的雄鱼全都和对应的父方相似，以此类推。

在日本的小溪和稻田里，生活着一种青鳉鱼。这种鱼有几种不同的类型，且每种都有不同的体色。若人工饲养此鱼，还会出现其他类型。在这些鱼中，每一种类型都有雄鱼和雌鱼。会田龙雄表示，这些不同的性状是通过性染色体来传递的（X染色体和Y染色体都有）。这些性状的遗传情况，可以用一个假设来解释，即假设相关基因有时位于X染色体上，有时位于Y染色体上，而且这两条染色体间有可能会发生基因的交换。

例如，白体这一性状是通过性连锁遗传的。其等位基因所呈现出来的性状为红体。当纯合子的白体鱼与纯合子的红体鱼进行交配时，其子一代的雄鱼和雌鱼都表现为红体。子一代的红鱼进行自交，得到的后代情况如下：

红体雌鱼	红体雄鱼	白体雌鱼	白体雄鱼
41	76	43	0

我们假设，雌鱼的两条X染色体携带白体基因，表示为$X^w X^w$（如图129），雄鱼的X染色体和Y染色体携带红体基因，表示为$X^r Y^r$，两者杂交的XX–XY公式如图129所示。如果红体基因相对于白体基因来说呈显性，那么子

一代的杂合子雌鱼和杂合子雄鱼都应表现出红体性状。如果将子一代的红体鱼进行自交，所得结果如图130所示。预期所得子二代中的雌鱼会得到一半的红体和一半的白体，而子二代中的雄鱼都是红体，且雄鱼总数和雌鱼总数（两种体色的雌鱼之和）是一样的。

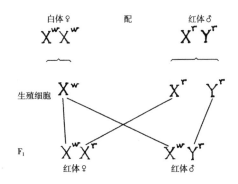

□ **图129**

红体性状的遗传情况。该性状的基因位于Y染色体上，同时也位于X染色体上。

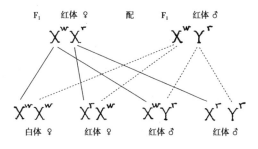

□ **图130**

子一代的杂合子雄鱼与雌鱼的性状遗传情况。Y染色体和X染色体都携带红体基因（r）。

因此，除非子一代的X^wY^r型的红体雄鱼中X染色体与Y染色体的片段发生交换而得到一条Y^w染色体，否则，根据上述公式，红体雄鱼与白体雌鱼交配是不会得到白体雄鱼的子二代的（如图131）。因为只有当含Y^w染色体的精子与含X^w染色体的卵子相遇时，才会得到X^wY^w型的白体雄鱼。但实际上，在子一代杂合子X^wY^r（从上述实验得来）的红体雄鱼与祖代的纯种白体雌鱼回交的实验中，已经出现了一条白体雄鱼。其杂交结果如下：

红体雌鱼	白体雌鱼	红体雄鱼	白体雄鱼
2	197	251	1

实验结果出现了两条红体雌鱼和一条白体雄鱼，在子一代雄鱼X^wY^r

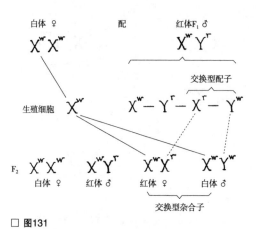

白体♀　　　　配　　　红体F₁♂

生殖细胞

交换型配子

F₂

白体♀　　红体♂　　红体♀　　白体♂

交换型杂合子

□ 图131

　　子一代雄鱼中携带红体基因的X染色体和携带白体基因的Y染色体之间发生交换作用。红体基因和白体基因被当成等位基因。

中，且在X^w和Y^r的交换率为$1/451$[1]的假设下，这样的结果是可以解释清楚的（如图131）。白体雌鱼和褐体雄鱼之间杂交，也能得到同样的结果，但没有交换型[2]。当红斑雌鱼与白体雄鱼杂交时，也会出现同样的结果，在回交所得的子二代172条鱼中，有11条为交换型。

　　温格（1922—1923）把施密特关于虹鳟的实验推进了一步，并独立地得到了与会田龙雄关于Y染色体相同的结论。图128所示为一种X_oX_o的虹鳟雌鱼与另一种X_eY_m的虹鳟雄鱼杂交的结果。所得杂合子雄鱼的成熟生殖细胞可分为X_e和Y_m两种非交换型，以及X_o和Y_{em}两种交换型。相应地，我们会得到两种类型的雄鱼，即X_oY_m型和X_oY_{em}型。不过后者（X_oY_{em}型）比较少见，只占雄性的$1/73$[3]。

　　在温格的数据里，并未提及X_eX_m型雌鱼，因此，我们不能根据他的材料来判断雌鱼中是否也发生了染色体的交换。其次，他用X_o染色体代表某一类的雌鱼，并暗指该X_o染色体缺乏某一基因。必须有两对基因，才能实现两条X染色体的交换。实际上，温格用X_o去表示与Y_m发生交换之后的X_e，但他没

---

〔1〕有可能在451次中出现1次X染色体与Y染色体的交互。

〔2〕即染色体之间发生交换而得到的杂合子类型。

〔3〕另一个实验中，交换型占雄鱼的1/17。

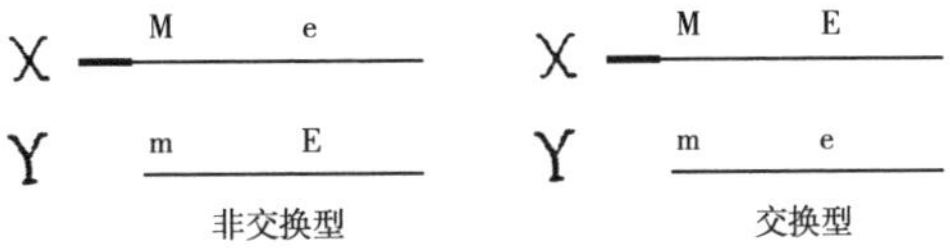

有指出e和m的等位因子的变
化。完整的公式上[1]，应有
一条含M基因和e基因的X染色
体，以及一条含m基因和E基
因的Y染色体。在交换发生之
后，X染色体上带有基因E和

□ 图132
　　X染色体上的常染色体部分与Y染色体上的常染色体部分的交换。图示为附着的X染色体与此交换后可能存在的关系。

M，Y染色体上带有基因e和m（如图132），X染色体的公式应为X_{ME}，而Y染色体则是Y_{me}。如果me相对ME呈显性，除了会得到X_{ME}这种交换型，其他结果则和温格的报告一样。如果X染色体上M基因的左端还含有决定性别的基因（图132中X染色体上较粗的部分），那么，实验中之所以没有发生这种交换，可能是因为M基因与X染色体上的其他基因较为接近。

　　温格在后期（1927）的论文中指出，虹鳉的Y染色体上的九种基因与X染色体上的三种基因一直没有交换发生。他提出，这要么是因为这些基因与雄性决定基因过于相似，要么是因为这些基因与雄性决定基因根本就是同一种。X染色体和Y染色体上的另外五种基因之间发生了交换，其中一种是常染色体上的基因。他认为，雄性决定基因是一个单性基因，且为显性，从而把X染色体上的等位基因的性质视作有待后人去探索的问题，用O来表示。

成雄精子的退化

　　在蚜的种系中，瘤蚜[2]和蚜虫[3]同属于XX–XO型，它们有密切的亲

---

　　〔1〕即温格用MmEe来表示染色体上的基因公式。
　　〔2〕瘤蚜：一种葡萄树害虫，可毁坏葡萄树的根部。
　　〔3〕蚜虫：又称腻虫、蜜虫，是一类植食性昆虫，包括蚜总科（又称蚜虫总科）下的所有成员。目前已经发现的蚜虫总共有10个科约4 400种，其中多数属于蚜科。

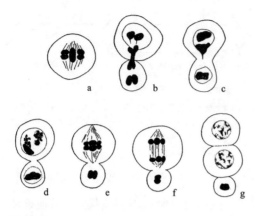

□ 图133

熊果蚜的两次成熟分裂。在第一次分裂时，图a到图c表示X染色体进入一个细胞。在第二次分裂时，图e、f、g展示了所得细胞（含有长X染色体的细胞）再一次分裂，产生了两个有作用的成雄精子，而另一个发育不全的细胞（也就是不含X染色体的细胞），不再分裂。

缘关系，但其成雄精子（无X染色体）会退化（图133），只剩下成雌精子（有X染色体）。进行单性生殖的卵细胞（XX）在分化出两个极体之后，每个极体含有一条X染色体。如果与含有X染色体的精子结合，这些卵细胞最终产生的只有雌性（XX）。这些雌性被称为系母，具有单性生殖的特点，是往后各世代单性生殖雌性的起始点。一段时间过后，一些雌虫或许会得到雄虫后代，一些雌虫或许会得到有性生殖的雌虫后代。有性生殖的雌虫像其母代一样，为二倍体，但在这些雌虫中，染色体会成对地接合在一起，导致其染色体数量减半。而其雄性后代在繁殖过程中还会产生雄性个体，我们将在稍后予以讲解。

通过去除二倍型卵细胞中的一条X染色体得到雄性

如上文所述，瘤蚜的雌虫在单性生殖末期出现，其卵细胞比早期所得的卵细胞小。在这个小卵细胞快要成熟之前，X染色体会聚集在一起（此处有4条X染色体）。有两条会从卵细胞中脱离出去，进入卵子所产生的第一个极体（如图134）。此时，每一条常染色体会一分为二，排出其中一条。这样，卵细胞内就会留下二倍数目的常染色体和半数的X染色体。卵细胞再通过单性繁殖，会发育成雄虫。

蚜虫也发生了类似的过程。虽然没有观察到一条X染色体从卵细胞中排

出的确切证据，但由于卵细胞
在排出唯一的极体后，便少了
一条X染色体，那么毋庸置疑
的是，它也像瘤蚜那样，确实
遗失了一条染色体。

　　这两类昆虫的性别决定过
程与其他昆虫的不同，但它们
所遵循的也是同一性别决定机
制，只不过是在不同形式下得
到相同的结果。

　　更为有趣的是会产生成雄

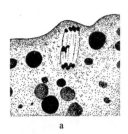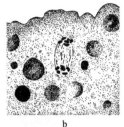

□ **图134**

　　图a为瘤蚜的成雄卵细胞第一次成熟分裂时的纺锤体。其中有2条色体滞留在纺锤体上，最终从卵细胞中脱离出去，在卵细胞核中留下5条染色体。图b为雌性卵细胞中第一次减数分裂的极体，有6条染色体发生分裂，且在卵细胞核中留下6条染色体。

卵细胞[1]的瘤蚜雌虫，它所产出的卵细胞比单性生殖时产出的卵细胞小。因此，成雄卵细胞是否能存活，早在X染色体从卵细胞中排出之前就可定论了。在此，雌雄性别似乎取决于卵细胞的大小，也就是说，取决于卵细胞内胞质含量的多少。但这一猜测，却与事实相悖，因为卵细胞只有排出半数的X染色体才能成为成雄卵细胞。如果这些X染色体都保留在卵细胞内，我们也不知道会发生什么，或许这个卵细胞会发育为雌虫吧。无论如何，我们知道，是母体内的某种变化导致较小卵细胞（也称为小卵）的形成，而该小卵细胞导致X染色体的减少，继而得到雄虫。至于母体内的变化有何性质，目前我们还不知晓[2]。

----

　　〔1〕所以这个瘤蚜雌虫被称为成雄卵细胞之母。
　　〔2〕在某种轮虫中，两种大小的卵细胞都是由雌性产生的。两种卵细胞都会分裂出两个极体，从而形成单倍型原核。两种卵细胞在受精之后，稍大的卵细胞会发育成为雌性，较小的卵细胞会发育成为雄性。目前，为什么卵巢会产生两种大小的卵细胞，我们还完全不知道。

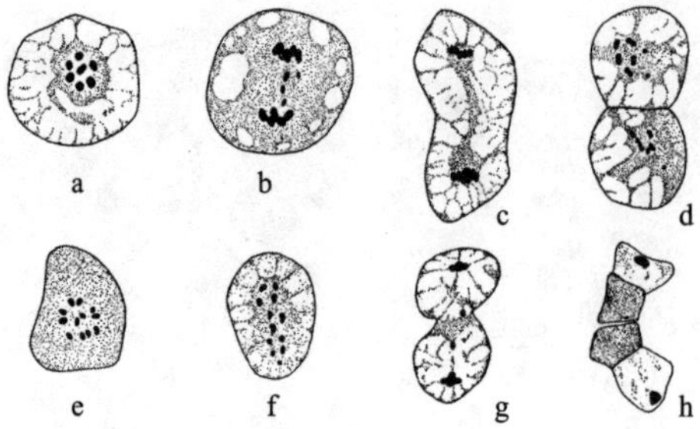

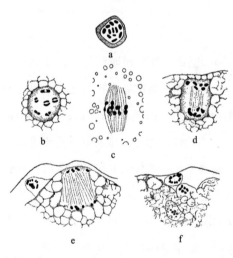

□ **图135**

　　线虫精细胞的两次成熟分裂。在第二次成熟分裂期（下排为第二次成熟分裂，上排为第一次成熟分裂），有一条X染色体滞留在了分裂平面上。

□ **图136**

　　线虫卵细胞的成熟分裂。有6条染色体留在了卵细胞核内。

在精子形成过程中偶然损失的一条染色体引起的性别决定

　　在雌雄同体的动物中，是找不到性别决定机制的，因为所有的个体都一样，都有卵巢和精巢。在线虫[1]中，存在这样一种雌雄同体世代：一代为雌性，一代为雄性，交替出现。鲍维里和施莱普（Schleip）表示，当雌雄同体世代的生殖细胞成熟时（如图135），通常会遗失2条X染色体（滞留在分裂平面上），这样就会产生两种精细胞，一种含有5条染色体，另一种含有6条染色体。当同一雌虫的卵细胞成熟时，12条染色体会两两接合，得到6条二价染色体（如图136）。在第一次成熟分裂期，有6条染色体会进入第一极体，剩下的6条染色体会留在卵细胞内，极体和卵细胞都含有1条X染色体。

---

　　〔1〕线虫：线虫动物门是动物界数量最丰者之一，除少数自由生活于土壤、淡水和海水环境中，绝大多数营寄生生活，不过，只有极少部分寄生于人体并使人致病。常见的线虫有蛔虫、鞭虫、蛲虫、钩虫、旋毛虫和类粪圆线虫。

这样一来，卵细胞和含有6条染色体的精子结合之后，会得到雌虫；卵细胞和含有5条染色体的精子结合之后，会得到雄虫。这种细胞分裂时的偶然事件，形成了性别决定机制。

二倍体雌性和单倍体雄性

轮虫类首先得经过多代的单性生殖，各代雌虫均含有两倍数目的染色体。其卵细胞不发生减数分裂，只放出一个极体。在营养充足的条件下，这样的单性生殖世代似乎会永久绵延下去。但如怀特尼（Whiteny）所说，如果改变该轮虫的喂养方式，例如用绿色鞭毛虫来喂养雌性轮虫，那么就可能终结多代单性生殖得雌虫的循环。在这种喂养方式下，雌虫所诞育（通过单性生殖）的下一代雌虫，有双重可能性。如果子一代雌虫与雄虫（当时可能出现）交配，在每一个卵细胞成熟之前，只有一个精细胞进入其内部。卵细胞在其卵巢中长大，且卵细胞外裹着一层厚厚的壳（如图137）。之后该卵细胞会分化出两个极体，再之后精细胞核（单倍数目的染色体）会和单倍型卵细胞核结合在一起，进而完全恢复原来的染色体数目。这个卵细胞是一种休眠卵[1]或是冬卵，含有二倍数目的染色体，不久，卵细胞会发育成母系，重新产生一只新系的单性生殖的雌虫。

从另一方面来看，如果该雌虫没有和雄虫交配，那么它所产出的卵细胞要比普通单性生殖的卵细胞更小。卵细胞内的染色体会两两接合在一起，最后分裂出两个极体。卵细胞内还留着一组单倍染色体。卵细胞分裂，但染色

---

〔1〕休眠卵：在动物繁殖的过程中，为了应对恶劣的环境，一些动物的胚胎外面会被一层包被膜包裹，此时，动物的胚胎发育处于休眠期，等到条件合适的时候再发育，这样的动物胚胎就叫作休眠卵。

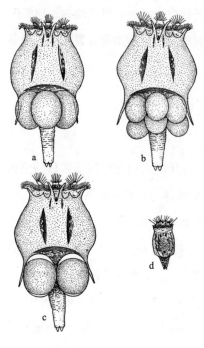

□ 图137

a为附有单性生殖的成雌卵细胞的雌虫；b为附有单性生殖的成雄卵细胞的雌虫；c为附有成雌和成雄卵细胞的雌虫；d为雄虫。

体数未加倍，最终得到雄虫。我们暂时还不清楚，单倍体雄虫在精子形成时发生了什么。对于这个变化，不论是怀特尼（1918）的研究，还是陶松（Tauson，1927）的研究，都不能给出使人信服的解释。

从表面看来，这一证据似乎意味着单倍数目的染色体会产生雄性，而二倍数目的染色体会产生雌性。因为性染色体存在的痕迹不明显，我们无法假定有特殊的性基因存在。即使我们承认该类基因不存在，我们也不能解释清楚，为什么单倍数目的染色体会得到雄性，双倍数目的染色体会得到雌性，除非在此出现了涉及分化的基因——能说明两种卵细胞的细胞质与染色体数目之间的关系。然而，这一结果又与二倍体蜜蜂的案例不相符。蜜蜂的卵细胞是二倍型时产生雌性，是单倍型时产生雄性，但两种卵细胞的大小一样。以上两个突出的案例表明，雄性的产生与单倍数目的染色体有关，尽管在使轮虫的卵细胞成为单倍型时，还存在其他决定性别的因素。

或许我们可以建立这样一种有关性染色体的解释，设想存在两种不同的X染色体，又设想在减数分裂期，一种X染色体进入成雄卵细胞的极体，另一种则由有性卵细胞排出（两种X染色体都留在单性生殖的卵细胞中）。但我们必须指出，目前没有理由也没有必要提出这样一种假设。

　　蜜蜂及其亲缘关系较近的黄蜂和蚁类的性别决定机制，都与细胞核内染色体的单倍和二倍的数目有关。这一事实已得到确认，但尚缺明确的解释。蜂后在蜂后室、工蜂室以及雄蜂室内产卵。产前的卵细胞完全相似。产于蜂后室内和工蜂室内的卵细胞在产卵时受精，产于雄蜂室内的卵细胞则不受精。所有的卵细胞，都会产出两个极体。卵细胞核内会留有单倍数目的染色体。在受精的卵细胞中，精细胞会带来一组单倍数目的染色体，与卵细胞核中的单倍数目的染色体接合，由此得到二倍数目的染色体，这些受精卵都会发育为雌性（蜂后和工蜂）。蜂后室内的幼虫获得更为丰富的食物，发育完全，最终成为蜂后。工蜂室内的食物供给与蜂后室内的食物供给不同。如前所述，雄蜂含有单倍数目的染色体[1]。

　　由此看出，不能假设性别是由成熟分裂之前的任何因素决定的。没有证据表明，卵细胞中的精细胞核会影响染色体的成熟分裂方式。再则，也没有证据表明环境（雄蜂室或工蜂室）对发育的过程有任何影响。事实上，这里也没有证据表明任何独特的染色体组可以作为性染色体。雄雌两种个体之间的唯一区别，只是染色体数目的不同。目前，我们可以根据这一点，认定染色体数目与性别决定之间存在某种未知的联系。现在，这一关系还不能与其他昆虫中性别取决于染色体基因间的平衡相一致，但这些昆虫的性别仍极有可能是由染色体（基因）和细胞质之间的平衡决定的。

　　在涉及蜜蜂的性别决定时，还有另外一个相关的事实。雄蜂的生殖细胞第一次成熟分裂不成功，会分出一个没有染色体的极体（如图86）。在第二

---

　　〔1〕当没有受精的成雄卵子进行分裂时，每条染色体都会断裂成两部分（形成种系的细胞核可能例外）。这一过程并未出现染色体的分裂，而是出现染色体断裂或分开成两个片段。如果这一解释能说通，那么基因不会有数目上的增加，这一过程的出现（线虫中也出现过）也不会对性别决定机制有任何影响。

次成熟分裂时，染色体会分裂开来，一半进入较小的细胞，该细胞到后期会退化；另一半继续留在较大的细胞中，该细胞变成功能性精子，含有单倍数目的染色体。如前所述，精子携带单倍数目的染色体进入卵细胞，之后该卵细胞受精，发育为雌性。

纽厄尔（Newell）有几个案例，记录了两种蜜蜂杂交且杂合子继续杂交繁育后代的结果。据说，孙代雄蜂只表现出亲代父方或母方的性状。如果这两种蜜蜂的差异在于同一对染色体上的两组基因的区别，那么孙代雄蜂的特征是可预料的，因为这两组基因会在减数分裂时，随着染色体的分裂而分开，无论哪一组染色体留在卵细胞内，最终它都会发育成雄蜂。但如果亲代的差异在于不同对的两条染色体上的基因不同，那么孙代中就不会出现区别如此鲜明的雄蜂了。

工蜂（和工蚁）有时会产生卵细胞。该卵细胞一般情况下会发育为雄蜂，这是意料之中的事，因为工蜂的卵细胞不会受精。有记录显示，工蚁的卵细胞发育后偶尔会出现雌性蚂蚁。或许，这是由于卵子在成熟分裂时保留了两组染色体。据研究，在海角蜜蜂中，从工蜂的卵细胞中发育出雌蜂是很常见的。我们不妨暂时采用前述解释，来说明工蚁中的雌性偶尔也会产生卵细胞，而该卵细胞在特定条件下，发育成了雌性。

怀丁（A. R. Whiting）关于寄生蜂的研究，全面解释了为何雌蜂会直接将其性状传递给子代单倍体雄虫。普通型寄生蜂有黑色的眼睛，在培养过程中，出现了橘色眼睛的变异雄蜂。橘色眼睛的变异雄蜂与黑眼雌蜂杂交，通过单性生殖得到415只黑眼雄蜂，通过卵细胞受精得到383只黑眼雌蜂。

隔离子代中的4只雌蜂，通过单性生殖得到268只黑眼雄蜂和326只橘眼雄蜂，且不会出现雌蜂。

子代中的8只雌蜂（从第一只橘眼雄蜂受精而来）与子代（黑眼）雄蜂交配，子二代会得到257只黑眼雄蜂，239只橘眼雄蜂和425只黑眼雌蜂。

突变所得的第一只橘眼雄蜂，与其子一代的雌蜂交配，会得到221只黑眼雄蜂，243只橘眼雄蜂，44只黑眼雌蜂和59只橘眼雌蜂。

假设雄蜂是单倍体，且是从未受精的卵细胞发育而来的，这些结果是可以预料得到的。当杂合子母蜂的生殖细胞成熟时，橘眼基因和黑眼基因会分离开，一半的配子含有黑眼基因，另一半的配子含橘眼基因。任意一对染色体上的任意一组基因，都会得出同样的结果。

反过来，我们可以让橘眼雌蜂和黑眼雄蜂交配。从11组这样的交配中，预计可得183只黑眼雌蜂和445只橘眼雄蜂。另有22组这样的交配，从中可得816只黑眼雌蜂，889只橘眼雄蜂和57只黑眼雄蜂。这些黑眼雄蜂的存在，需要另一种不同的解释来加以说明。很明显，它们是由与黑眼精细胞结合的卵细胞发育而来的。一种看似可能性较大的解释是：单倍体精核在卵细胞中发育，而且产生了至少能发育出双眼的那些部分。卵细胞内其他部分的基因也可能是从单倍型卵核中得来的。事实上，有证据说明这一解释是正确的，因为怀丁已经证明，部分特殊的黑眼雄蜂会继续繁育，好像其精子中全部染色体都只携带母代中的橘眼基因一样。但还存在其他事实表明，在这些案例中，解释不可能如此简单，因为大多数黑眼雄蜂都不具备生殖力，而有生殖力的极个别雄蜂（嵌合体雄蜂）的后代中会发育出少数雌蜂[1]。不管最后如何解释，这些杂交得来的主要结果，都证实了雄蜂是单倍体。

---

〔1〕根据怀丁所说，"黑眼偏父遗传的雄蜂，在形态畸变的占比上，比正常产出的雄蜂和雌蜂的更高。大多数偏父遗传的雄蜂，已被证明是没有生殖力的；个别黑眼雄蜂，有部分生殖力；此外，还有少数嵌合体产生了橘眼雌性后代，这些后代有完全的生殖力。在偏父遗传的雄蜂的下一代中，橘眼雌蜂在形态上和可孕性上，都是正常的；而黑眼雌蜂数量较少，出现畸形的可能性极大，并且其几乎没有生殖能力。"寄生蜂中的特种雄蜂，可以说明蜜蜂中出现的一些不规则情况。

单倍体的性别

　　1919年，艾伦证实了在囊果苔属[1]的单倍体世代中，其雌配子细胞有一条较长的X染色体，雄配子细胞含有一条较短的Y染色体，从而合理地解释了两种原叶体（配子体）的不同。马夏尔夫妇和维特斯坦等细胞学家的实验，同样证实了在雌雄异体的藓类植物中，每个孢子母细胞会分裂出四粒孢子，其中两粒会发育成雌原丝体（配子体），另外两粒会发育成雄原丝体（配子体），这与艾伦关于苔类的实验结果相符。一种配子体产生卵细胞，一种配子体产生精细胞，所以我们习惯于将这两种配子体分别称之为雌性或雄性。下一代孢子体是从与精子结合后的卵细胞中得来的，据说有时它是没有性别或是无性的。然而，此类孢子体中却含有一条X染色体和一条Y染色体。

　　在雌雄异株的显花植株中，雌雄的概念适用于孢子体（二倍体）一代，但不适用于卵细胞（在胚囊内，是单倍体世代的一部分）和花粉粒（也是单倍体世代的一部分）。这种情况与苔藓类植株不同，引起了一些不必要的困惑。乍一看，将雌雄概念用于苔藓两类（苔类和藓类），有不同的意义。然而，除去系统发育中可能会引起的言辞上的矛盾外，并不存在真正的矛盾。如果用基因来解释这两个备受争议的例子，这个言辞上的问题就不复存在了。以苔类植株为例，含有较大X染色体的单倍体配子，其基因的平衡作用使卵细胞得以产生；含有较小Y染色体的单倍体配子，其基因的平衡作用使精细胞得以产生。我们把产生卵细胞的配子称为雌性，把产生精细胞的配子称为雄性。在这些雌雄异株的显花植株中，二倍体世代的雄株有一对大小不同的染色体。二倍体世代常染色体上的基因与一对X染色体上的基因相互平衡，从

---

　　[1]属于苔藓植物门，苔纲，囊果苔目。植物体小形，倒心脏形，不分枝或两歧分枝，单层细胞，中肋宽阔，由多层细胞组成。

而产生雌性个体（产生卵子的个体）；二倍体世代常染色体上的基因与一对XY染色体上的基因相互平衡，从而产生雄性个体（产生精子的个体）。不管是苔类植株还是显花植株，我们都将雌雄的决定归于两组基因的平衡作用。两类植株的有关基因可能不同，也可能存在个别的相同和个别的不同。但关键在于，在这两个例子中，既然不同的平衡作用会使它们分别产生卵细胞和精细胞，那么基因的平衡作用便会决定两种个体的产生，即雄性和雌性。

有人也许会批评上述说法只是复述事实，未解释个中缘由。确实如此。我们所做的一切，都企图指出我们可以如此描述事实，由此说明这两个案例之间不存在明显的矛盾。也许有一天，我们会在由不同的平衡作用产生不同性别的个体的案例中，测出所涉及的基因数量以及确定这些基因的性质是什么。目前，我们大可不必担心，因为确实还没有证据可以推翻近年来在性别决定机制上的成就。

在动物中，单倍体状态是配子的一个特点，没有像植物中的那种单倍体世代和二倍体世代相互交替出现的案例。但至少有两到三种类型的动物配子，其雄性是单倍体，雌性是二倍体。在膜翅目[1]以及少数其他昆虫中，至少在其发育初期，雌性是二倍体，雄性是单倍体。在轮虫中，雌性是二倍体，雄性是单倍体。没有证据表明，以上两个物种有严格意义上的性染色体。目前，还没有实验证据可解释这样的关系。除非相关证据出现，否则，目前所提的看似合理的理论解释，都不能说明问题。

---

〔1〕膜翅目昆虫种类众多，其生活方式和生理结构差异极大。一般这些昆虫拥有两个透明的、膜一般薄的翅膀，翅膀上的脉将每个翅膀分为面积比较大的格，翅膀的运动方向一般相同。有些膜翅目的昆虫的翅膀已完全退化了（比如蚂蚁中的工蚁）。飞行时膜翅目的两个翅膀一般同步运动。大多数膜翅目昆虫有两个大的复眼和三个小的单眼。一般膜翅目昆虫的口器可以咀嚼，但也有一些昆虫用嘴来舔吸，比如蜜蜂。膜翅目昆虫是全变态类昆虫中唯一有产卵管的昆虫，许多膜翅目昆虫的产卵管变异为一根毒针。通常，雄性膜翅目昆虫通过孤雌生殖形成，雌性膜翅目昆虫从受精卵孵化而成。

另一方面，果蝇的性别机制已为我们所掌握，且有实验证据表明基因平衡这一问题与性别决定有关。最近，布里奇斯对果蝇有一项意义重大的观察。他发现了两只嵌合体果蝇，并根据遗传学证据，断定这两只果蝇很可能是复合体，即部分表现为单倍体，部分表现为二倍体。在其中一只果蝇中，其单倍体部分包括性栉这一第二性器官（常见于普通型雄蝇，雌蝇是没有的）。而在嵌合体果蝇中，单倍体果蝇是没有性栉的。换句话说，正如我们所预料的那样，由三条常染色体和一条X染色体组成的单倍体染色体群，与由六条常染色体和两条X染色体组成的染色体群，产生了同一结果，甚至两者的基因平衡也是相同的。尽管就像正常的雄蝇一样，嵌合体果蝇的单倍体部分只有一条X染色体，但雄蝇的一条X染色体被六条常染色体给抵消了。

维特斯坦报道过一个相反的例子。他通过人工手段得到了藓类植株的二倍型配子体。如果这些配子体是从单倍型雌配子体中的一个细胞发育而来，那么该配子体便是雌性；如果这些配子体是从单倍型雄配子体的一个细胞发育而来，那么该配子体便是雄性。因此，这两种情况下所出现的平衡，都与前面的相同。很明显，这些例子中的性别并非由调整染色体的数目来决定，而是由两组相对基因或是相对染色体之间的关系来决定的。

低等植物的性别及其定义

近年来，在伞菌[1]或担子菌[2]的研究中，雌雄性别的名称问题显得尤为突出。根据汉纳（Hanna）最近的陈述，在伞菌中，"真菌学家对性别问题

---

〔1〕伞菌：一般指具有菌盖和菌柄的肉质腐生菌类。多数伞菌可供食用，如香菇、蘑菇、草菇等；少数种类有毒，如毒鹅膏菌、奥来丝膜菌。
〔2〕担子菌：由多细胞的菌丝体组成的有机体，菌丝均具横隔膜。

的关注已经长达一百多年了"。邦索德（M. Bensaude）女士（1918），克内谱（Kniep, 1919—1923），芒斯（Mounce）女士（1921—1922），布莱（Buller, 1924）以及汉纳（1925）的发现，都揭示了一个有趣的现象。为了行文的简洁明了，这里只详论汉纳最近的文章。汉纳运用新的精细手法，从伞菌的菌褶中分离出单个孢子，再将所得孢子置于粪胶培养基内。这样一来，每个孢子都会发育成一株菌丝体[1]。再让这些单孢子型的菌丝体一株一株地彼此接触，便能知道每一株的性别。在这些组合中，某些会彼此连合在一起，并形成长着"锁状连合"的一株二级菌丝体，由此表明这两个接触的菌丝体有着不同的性别。之后，这样的二级菌丝体会发育出子实体或伞菌。如果其他组合搭配在一起，却不会形成长着"锁状连合"的二级菌丝体，也不会发育出子实体和伞菌，因此，汉纳把这种接触在一起的两个菌丝体视为同一性别。

现在，对源于相同品系（生长在同一地区的植株）的单孢子型菌丝体加以鉴定，所得结果如表11所示。此处，用"+"表示两株单孢子型菌丝体接合后会呈现出锁状连合（两者为不同性别），用"−"表示不会呈现出锁状连合（两者为相同性别）。图表中，我们将菌丝体分为四类（属于相同组的菌丝体被安排在一起）。这一结果被解释为，这里所研究的墨汁鬼伞菌[2]中一个子实体中的孢子，属于四个不同的性别群。

---

〔1〕菌丝体：菌丝的集合体，纵横交错，形态各异，具有多样性。菌丝细胞的分裂多在每条菌丝的顶端进行，前端分枝。菌丝在基质中或培养基上蔓延伸展，反复分枝成网状菌丝群，通称菌丝体。

〔2〕墨汁鬼伞菌：又名鬼盖、鬼伞、鬼屋、鬼菌或朝生地盖，分类在鬼伞属下，是继毛头鬼伞菌（鸡腿菇）后第二著名的鬼伞菌。

表11　相同品系墨汁鬼伞菌孢子的四种性别群

		AB			ab				Ab		aB
		51	52	54	55	57	58	59	50	56	53
AB	51	−	−	−	+	+	+	+	−	−	−
	52	−	−	−	+	+	+	+	−	−	−
	54	−	−	−	+	+	+	+	−	−	−
ab	55	+	+	+	−	−	−	−	−	−	−
	57	+	+	+	−	−	−	−	−	−	−
	58	+	+	+	−	−	−	−	−	−	−
	59	+	+	+	−	−	−	−	−	−	−
Ab	50	−	−	−	−	−	−	−	−	−	+
	56	−	−	−	−	−	−	−	−	−	+
aB	53	−	−	−	−	−	−	−	+	+	−

　　就像克内谱首次展示的那样，上述四群能用两组孟德尔式因子的假设来加以解释，即Aa和Bb。如果将这四个因子分离，当每个担子[1]（也称为孢子台）形成孢子时，伞菌中将会出现四种孢子，即AB、Ab、aB和ab。每一种孢子会产生具有相同基因组合的菌丝体。如表11所示，只有那些由不同因子组合而形成的菌丝体，才会形成锁状连合。这意味着，存在四种性别，且只有那些性别因子不同的菌丝体才能连合起来。

　　还有一个细胞学背景，与这些遗传学假设高度吻合。在单孢子型菌丝体的细胞质中，有很多细胞核。在两条菌丝体连合之后，衍生出来的菌丝体（次生菌丝体[2]）内的细胞核是成对存在的。我们有理由假设，在成对的两

---

　　〔1〕担子：指的是担子菌纲所特有的分生孢子梗。它们或是无隔的（如无隔担子菌亚纲），或是分隔的或是分枝的，有时是由一个孢子或类似孢子的结构（如有隔担子菌亚纲）发育而来的。担子菌的有性孢子的数目固定（如4个），通常由双核菌丝顶端细胞膨大呈棒状的担子，经过核配和减数分裂生成4个单倍体细胞核，并在担子上生出4个小梗，4个核分别进入小梗内，最后在小梗顶端形成4个外生的单倍体孢子，称为担孢子。
　　〔2〕其功能至少有吸收营养、代谢物质的运输、代谢产物的储藏及繁殖等四种。按照发育顺序，菌丝体可分为初生菌丝体、次生菌丝体和三生菌丝体。

个细胞核中，一个来自一条菌丝体，另一个来自另一条菌丝体（即分别来自两条菌丝体）。当四个孢子即将发育成形时，它们会发生减数分裂，以至每个孢子都含有分裂后的细胞核。所得的每个孢子，都会发育成新的减数菌丝体。相同的场景也发生在高等植物和动物的减数分裂过程中，因此，这些霉菌同二倍染色体减少至单倍型配子时所发生的遗传学结果相一致。当然，墨汁鬼伞菌和其近亲种系中这种二倍—单倍的关系尚未得到证明，但这似乎不太可能是对已知事实的正确解释。如果真是如此，那么遗传因子在伞菌中的分离，原则上就和其他植物或动物是相同的。

上述关系，适用于同一地区的各个品系之间。如果检测不同地区的品系，也会得出非常相似的结果。任意一种品系的单孢子型菌丝体，都可以和其他品系的所有单孢子型菌丝体连合起来（得到有锁状连合的菌丝体，等等）。在表12中的数据，来自同一个地区（加拿大埃德蒙顿）子实体的11对单孢子型菌丝体，与来自另一地区（加拿大温尼伯）的一个子实体的11株单孢子型菌丝体的连合实验。无论何时，让来自不同区域的各品系互相交配，都会有相同的结果。汉纳所得出的组合中，墨汁鬼伞菌有20种性别。如果我们再将其他地区的伞菌囊括进去，那性别的数目必定会增加。

汉纳不仅进行了种系内的杂交，还用杂交过的品种来做一系列实验，进一步验证因子假说。如果将源自不同品系的因子当作成对的等位因子，用Aa和Bb来表示一个品系上的因子，用A^2a^2和B^2b^2表示另一个品系上的因子，那么，这两个变种的菌丝体结合后，将会得到16种杂合子；且每株杂合子菌丝体的行为方式，也将和纯种菌丝体的行为方式相似，即只有携带不同因子的两株菌丝体，才能形成锁状连合。

表12 不同品系墨汁鬼伞菌孢子的性别群

		A^4B^4			a^4b^4	A^4b^4				a^4B^4		
		4	7	8	5	2	6	10	11	1	3	9
A^2B^2	25	+	+	+	+	+	+	+	+	+	+	+
	26	+	+	+	+	+	+	+	+	+	+	+
	27	+	+	+	+	+	+	+	+	+	+	+
	28	+	+	+	+	+	+	+	+	+	+	+
a^2b^2	20	+	+	+	+	+	+	+	+	+	+	+
	23	+	+	+	+	+	+	+	+	+	+	+
	24	+	+	+	+	+	+	+	+	+	+	+
a^2B^2	21	+	+	+	+	+	+	+	+	+	+	+
	29	+	+	+	+	+	+	+	+	+	+	+
	30	+	+	+	+	+	+	+	+	+	+	+
A^2b^2	16	+	+	+	+	+	+	+	+	+	+	+

　　如果我们从习惯的意义上来理解有关因子，那么，在此便有着规模广泛的两性现象了。如果以这样的基础去定义性别是有益的，那么采用这一表述便不会引起反对。就我个人看来，采用伊斯特关于烟草研究的解释模式，把有关因子称为"自交不育因子"（见下文），或许那样会更简单。不论大家倾向于用哪些文字来描述，原则上解释都一样。

　　在《相对的性别之研究》这本书中，哈特曼（Hartmann）对他从海藻（长囊水云）上观察所得的研究结果作出如下描述。这些从植株中游离出来的自由移动的游动孢子[1]是极其相似的，但根据其后期的行为，我们将其分为两类："雌性"和"雄性"。前者（雌性）很快就会停顿下来，然而后者（雄性）会成群地继续游动一段时间，并且围绕着雌性个体运动（如图138）。

---

　　[1]游动孢子：从孢子结构来看，孢子可分为游动孢子和不动孢子两种类型。游动孢子是指具有鞭毛可以游动的孢子，多见于某些藻类和真菌。它既能进行无性生殖，也可以在某些条件下进行有性生殖。不动孢子是指不具鞭毛的、不能游动的、具细胞壁的孢子。

一个雄性游动孢子会与一个静止中的雌性游动孢子融合。哈特曼将祖代植株一个个孤立出来，并在这些植株释放出游动孢子时，集体测试这些不同植株孢子间的相互关系。

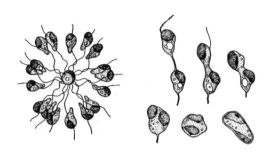

□ 图138

左侧展示了一群雄性配子围绕着一个雌性配子；右侧展示了雄性配子和雌性配子的结合过程。

典型实验结果如表13（左侧），若游动孢子接合在一起，用"+"表示，若游动孢子不能接合在一起，用"-"表示。检测时，每一种孢子的个体都用其他种类的孢子个体进行逐一检测。大多数情况下，某植株释放出的游动孢子对于其他种类的孢子来说，要么一直表现为雄性，要么一直表现为雌性；但游动的孢子在一些个别案例的接合中表现为雌性作用，在另一些案例的接合中表现为雄性作用。例如4号（表13，左侧）和13号接合所得出的结果，就和这两者分别与其他孢子接合所表现出的雌雄作用不同。我们还在35号和38号之间的反应中发现了例外（表13，右侧），两者与其他孢子接合之后，对于与其接合的孢子表现出雄性作用，但两者相遇时，却又分别表现出雌性和雄性作用。哈特曼根据不同接合方式形成的"群"数，指出某些个体可能会呈现为强雌性，而其他个体呈现为弱雌性。他还得出结论：弱雌性相对于强雌性起雄性作用，相对于强雄性起雌性作用。这些强弱相对的关系，究竟受年龄因素（例如静止下来）或环境因素有多大程度的影响，目前还不十分清楚。虽然哈特曼对游动孢子进行检测时发现孢子天天保持着这些关系，似乎排除了这一解释，但不幸的是，该材料（游动孢子）不适合用来作为所含因子的遗传分析。是否某个体中释放出来的配子很快静止下来，就足以鉴定性别？如果是，那么弱雌性又是如何表现为雄性作用的？诸如此类问题，也是不明确的。不过同一植株的配子不能交配，这一现象似乎属于自交不孕现象和杂交可孕现象的范畴。当前，如果将其作为判断性别的标准，很大程度上得依赖于个人的选择和定义。就我个人而言，如果将"性别"一词用于一个配子与另一个配子结合与不结合的现象，而不是用于普通的所谓性别现象，那么，不但不能阐明有关问题，反而更容易混淆性别一词所关涉的问题。

表13　游动孢子接合实验的结果

	3♂	4♀	5♀	7♀	11♂	13♀	14♀		31♀	32♀	33♂	35♂	38♂	40♂
3♂	−	+	+	+	−	+	+	31♀	−	−	+	+	+	+
4♀	+	−	−	+	+	+	−	32♀	−	−	+	+	+	+
5♀	+	−	−	−	+	−	−	33♂	+	+	−	+	−	−
7♀	+	+	−	−	−	+	+	35♂	+	+	−	−	+	−
11♂	−	+	+	−	−	−	+	38♂	+	+	−	−	−	−
13♀	+	+	−	+	+	−	+	40♂	+	+	−	−	−	−
14♀	+	+	−	−	−	+	−							

　　现在我们不妨提出这样一个问题，将有关因子称为自交不育因子，而不是性因子，是否会更简单且不那么容易引起困惑呢？伊斯特最近关于烟草自交不育研究的重大成果，为研究多次的显花植株中杂交可育以及自交不育的问题，第一次奠定了证据确凿的遗传学基础。显花植株中的这些现象，与墨汁鬼伞菌的菌丝体和长囊水云的游动孢子的接合十分相似，虽然两者在过程方法上不完全相同，但其遗传学和生理学背景可能是基本上相同的。

　　伊斯特和曼格尔斯多夫（Mangelsdorf）花了几年的时间，研究两种烟草杂交中的自交不育问题。在一篇简短的报告里，他们对这一研究做了总结。在此，我们只给出最一般性的结论。他们运用特殊的操作方式，将自交不育的个体培育成了几种自交且纯合的品系，可以稳定持续12个世代之久，从而得到了用于测试这一问题的合适材料。在此，只给出品系中一种类型所产生的结果。有三类个体a、b和c，任何一类的每个个体与同类的其他个体交配时，都表现出自交不育，而与其他两类的个体交配时，却是可育的。但通过正交和反交得来的后代有所不同。由此，让雌性a个体与雄性c个体交配，只会得到b个体和c个体；而让雌性c个体与雄性a个体交配，只会得到a个体和b个体。所得后代中的两种个体的数量各占一半，但后代中都没有出现母方的那类个体。对于这一点的解释如下：如果在此种系中存在等位基因$S_1S_2S_3$，且a类的基因为S_1S_3，b类的基因为S_1S_2，c类的基因为S_2S_3，加上如果一植株的雌蕊柱头只能刺激其他有着不同等位基因的花粉，而对有着和自身相同的基因的花粉不起作用，那么这个结果就能解释得通了。例如，c植株（S_2S_3）只会对携带S_2和S_3以外的基因的花粉产生足够的刺激，既只有携带S_1因子的花粉才能进入c植株并对其卵细胞进行受精。其得到的后代会是同等数量的S_1S_2（b类）和S_1S_3（a类）。将其反交时，即用雌性a类（S_1S_3）个体与雄性c类（S_2S_3）进行交配时，S_2因子会独自进入a类的卵细胞内，得到S_1S_2（b类）和S_2S_3（c类）。这一结果对于其他类来说也是适用的，这就解释了为什么在其后代中不会得到母方那类个体，为什么正反交所得后代是不同的，以及为什么不论父方是哪一类，后代中两类个体（没有母型）的数量是相同的。

　　有很多种方法，可以验证这个假设的真实性。而我们所做的验证，也证实了这一假设。这一令人信服的分析，是经过精心设计而得出的遗传实验的结果，对困扰了学者们超过75年之久的问题来说，确实是头等贡献。这一解决办法不仅对本案例进行了精辟的基因分析，而且深入透析了单倍型花粉管和二倍型雌蕊组织的生理反应。通过直接观察可知，雌株组织中的花粉管的生长率[1]是符合差等生长率确实存在的这一观点的。目前，这种关系的本

---

　　〔1〕花粉管形成后，花粉粒的内容物质包括精子全部进入花粉管并集中于花粉管前端，并随着花粉管的生长逐渐向前移动。花粉管生长穿过柱头，伸入花柱；通过花柱，到达子房；经过珠孔，进入胚囊。

质是什么我们还不知道，但可以合理假定它是化学性的。极有可能，我们可以利用相似或相同的化学反应及其遗传学基础来解释：为何在低等植株中不同的菌丝体在连合时会有自交不育的现象。如果这一说法能够成立，那么，遗传学问题的主要研究对象，首先就与自交不育因子相关，而这些因子极有可能是孟德尔式因子。把这些因子定义为性别因子，至少是通常适用于雌雄异体的生物躯体上的性别因子，似乎是很值得怀疑的。的确，在这些差异里，也存在产生以互相连合为主要机能的精细胞和卵细胞的那些差异，但是就一般理解而言，这些机能和那些雄性和雌性个体在体质上所体现出来的机能相比，还是不那么显而易见。

第十六章　性中型（或中间型）

近年来，我们在雌雄异体的物种里，发现了一些奇特的个体，它们表现出雌雄两种性状的不同等级组合（也就是说，不是完全的雌性或雄性，雌雄两性之间还有其他中间等级）。目前，我们所知道的性中型（或者说中间型）有四种来源，分别是：（a）性染色体与常染色体比例的变化；（b）基因内部的变化，不涉及染色体数目的变化；（c）由野生型杂交所引发的变化；（d）因环境而起的变化。

近年来，我们在雌雄异体的物种里，发现了一些奇特的个体，它们表现出雌雄两种性状的不同等级组合（也就是说，不是完全的雌性或雄性，雌雄两性之间还有其他中间等级）。目前，我们所知道的性中型（或者说中间型）有四种来源，分别是：（a）性染色体与常染色体比例的变化；（b）基因内部的变化，不涉及染色体数目的变化；（c）由野生型杂交所引发的变化；（d）因环境而起的变化。

源于三倍体果蝇的性中型

三倍体雌果蝇的部分后代，属于第一类性中型。当三倍体雌蝇的卵细胞成熟时，染色体分布散乱；在释放两个极体之后，每个卵细胞内会留下数量不等的染色体。如果这样的卵细胞和正常精细胞（雄蝇的精细胞含一组染色体）结合，可得到如下几种类型的后代。

二倍体	三倍体	四倍体
$2a+2X=♀$	$3a+3X=♀$	$4a+4X=♀$
$2a+X+Y=♂$	$3a+X+Y=$超$♂$	$4a+2X+Y=♂$
	$3a+2X=$性中型	
	$3a+2X+Y=$性中型	

我们有理由相信，很多卵细胞不会继续发育，因为它们缺少能发育成新个体的正常染色体组合。但在存活下来的卵细胞里，有一些会在后期发育成三倍体，更多的是二倍体（正常型），也有少量性中型。这些性中型个体（如图139），有三组常染色体和两条X染色体，所得公式为$3a+2X$（或者$3a+2X+Y$）。因此，尽管这些性中型个体像普通雌蝇那样有着两条X染色体，但它们还有着多出来的一组常染色体。由此可知，性别不取决于所含的

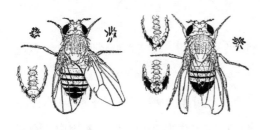

□ **图139**

左侧所示为性中型雌性果蝇的背部和腹部图片。其染色体组中出现两条X染色体，三条较大的常染色体（Ⅱ和Ⅲ），以及通常会出现的一条第四染色体（Ⅳ染色体，这里出现了两条）。右侧所示为性中型雄性果蝇的背部和腹部图片。其染色体组中出现两条X染色体，三条常染色体（Ⅱ和Ⅲ），以及两条第四染色体（这里出现了三条）。

X染色体的数目，而受X染色体与其他染色体之间的比例的影响。

布里奇斯从上述染色体间的特殊关系得出以下结论：性别取决于X染色体和其他染色体之间的平衡。我们可以这样设想，X染色体上含有更多使个体发育为雌性的基因，而Y染色体上含有更多能使个体发育为雄性的基因。正常的雌蝇是2a+2X，两条X染色体使平衡偏向于雌性，而正常雄蝇只有一条X染色体，平衡更多偏向于雄性。三倍体3a+3X雌蝇和四倍体雌蝇4a+4X所达到的平衡，与普通的雌蝇所达到的染色体平衡一样，自然其性别表现也同普通雌蝇的一样。四倍体雄蝇是4a+2X+Y（不过最近还未得到这种个体），其所达到的平衡和普通型雄蝇一样，预计它的性别表现也与普通雄蝇的相同。

对于性别决定基因的存在，三倍体果蝇的证据并未给出什么特别的线索。如果我们将染色体看作是基因[1]，那么性别的决定势必会与基因相关，然而并无证据显示基因究竟是什么样子的。即使性别的决定与基因有关，我们也不知到底是X染色体上的某个基因决定雌雄，还是成百上千个这样的基因才能决定雌雄。常染色体的情形也一样，目前的证据还没有告诉我

---

〔1〕现如今我们知晓，染色体与基因的关系简单来说就是：染色体由DNA和蛋白质构成，每一条染色体上有一个DNA分子，染色体作为DNA分子的主要载体，存在于细胞核内，而每个DNA上有很多基因，基因是具有遗传效应的DNA片段。也就是说，一条染色体上有许多基因，基因在染色体上呈直线排列。

们具体情况。如果真有雄性基因，那么，这类基因到底是在所有的染色体上，还是只存在于一对染色体中，尚不为人所知晓。

不过，在这里有两种方法，我们希望能凭借它们去发现基因中确实存在某些物质可以影响性别。一种方法是，X染色体会断裂成片，如果真有这样的物质，我们可以借助断裂的形式发现与性别有关的特殊基因所在的位置。另一种方法则寄望于基因突变，如果其他基因都发生了突变，假设真的有特殊的性基因，那么它有什么理由不是突变得来的呢？

事实上，已经有一个确切的案例表明，是果蝇中的第二染色体发生突变而导致性中型的出现。斯特蒂文特（1920）研究过这个案例，他发现，第二染色体上出现了基因的改变，致使一只雌蝇突变为性中型。不幸的是，这一证据并未表明，这一性别的突变是否只受单个基因的影响。

很明显，根据以上所谈及的例证，我们虽然可以从基因的角度去说明性别决定公式，但还没有直接的证据证明，存在着某种特别的基因使得该个体发育为雄性或雌性。有可能存在决定性别的单个基因，也有可能是所有基因间达成的数量上的平衡来决定性别。但既然已有很多证据可以表明基因的不同会对这些物种产生极大的影响，那么我认为，对性别分化产生更多影响作用的，更有可能是某些特定基因而不是其他基因。

毒蛾中的性中型

戈尔德施密特对毒蛾族间杂交得到性中型的现象，开展了一系列广泛的、有趣而重要的实验。

普通雌性舞毒蛾与日本雄蛾杂交（如图140b），会得到数量相等的雌性后代和雄性后代。但如果让雄性舞毒蛾（如图140a）与日本雌蛾杂交，那么所得子代雄蛾是正常的，而子代雌蛾属于性中型，或是与雄性相似的雌性

□ 图140

图a为雄性舞毒蛾；图b为雌性舞毒蛾；图c和d为两种性中型。

（如图140c，图140d）。

之后，戈尔德施密特对舞毒蛾与几种日本毒蛾之间，以及几种日本毒蛾的变体或种系之间，进行了一系列精细的杂交实验。所得结果或许可以分为两类：第一类是所有的雌蛾最终都变成了雄蛾；另一类是雄蛾最终都变成雌蛾。前一种改变被说成是"雌系性中型"。后一种改变被说成是"雄系性中型"。在此，我并不打算详述戈尔德施密特的一系列实验，只是尽可能简短地说明一下他的理论推导。

他所采用的雄性公式为MM，雌性公式为Mm，换言之，就是用WZ-ZZ的公式表示毒蛾的性别决定机制。但是，戈尔德施密特又额外增加了一组性别决定因素。起初，他将其称为FF，代表雌性。他假定雄性因子会分离开来，就像孟德尔式因子大体上呈现的那样，但FF因子并不分离，并且只能通过卵细胞传递下去。戈尔德施密特假设这些因子位于细胞质中，尽管他后来更倾向于认为这些因子定位于W染色体上。

通过对大型M（m无值）和FF赋予数值，戈尔德施密特由此建立了一个方案，借以说明在上述的第一次杂交中，为什么正交时出现了同等数量的雌性和雄性，而反交时出现了性中型。

以相同的方式，他对每种其他杂交中的F和M赋予适当数值，由此对杂交结果作出大致统一的解释。

在我看来，戈尔德施密特所提出的这些公式的特点，不在于他赋予这些因子的数值——因为这些数值都是随机的，而在于他认为：要解释这些杂交结果，只能假设雌性因子位于细胞质中或是在W染色体上。在这一点上，戈尔德施密特的主张又与布里奇斯研究三倍体果蝇时的情况有所不同。在果蝇中，得出不同的性别是因为X染色体和常染色体所产生的影响相反。

最近戈尔德施密特（1923）报道了几个特例。他相信，特例中所出现的证据表明，生成雌性的因子位于W染色体上。其中一个案例关系到某种族间杂交，通过"不分离"作用，雌性子代从父方那里得到了一条W染色体（在他的公式中是Y），从母方那里得到了一条Z染色体。这一过程是对WZ的正常传递方式的颠倒。结果表明，雌性因子位于W染色体上，随W进行传递。从逻辑上看来，这一证据似乎是令人满意的。但另一方面，唐卡斯特（Doncaster）和赛雷尔报道的几例异常雌蛾有时也会缺失W染色体。这些雌蛾在各个方面都表现为普通雌蛾，而且繁衍后代的方式也是相同的[1]。在戈尔德施密特看来，如果雌性因子位于W染色体上，那么这些蛾就不能是雌性。

在结束戈尔德施密特的理论之前，我们必须提及他用于解释性中型的嵌合性质的一个非常有趣的看法：性中型是由若干雄性部分和若干雌性部分拼接而成的。戈尔德施密特推测，这是由雌性部分和雄性部分在胚胎中形成的时间顺序而决定的。换句话说，族间杂合子性中型的个体，在性因子的某种组合下，最初表现出的是雄性特征，因此，其胚胎中的器官最开始和雄性器官相似。在后期发育中，雌性因子的作用效果反超并且压制了雄性因子的作用效果，以至于胚胎在后期更像雌性。因此，这一类别物种的性中型，存在嵌合性质。

---

〔1〕醋栗蛾的雄蛾和雌蛾，都含有56条染色体。唐卡斯特发现某个品系的雌蛾只有55条染色体，因此，其雌蛾的染色体中还有一条极有可能是W染色体。从个体缺失一条染色体还能一直保持雌性这一事实可以看出，这条缺失的染色体多半是W染色体而不是常染色体。

戈尔德施密特通常把基因视作酶类，但是因为他有时也承认酶可能是基因的产物，因此，这与我们对基因本质的推测比较一致。但究竟是所有基因在任何时期都起了作用，还是所有基因或部分基因仅在胚胎某一特定发育阶段起了作用，在弄清楚这些事实之前，我们除了推测，什么也做不了。

性器官不发达的雌犊[1]

早在很久以前，人们就知道若有双生牛犊[2]，那么有一头会是正常的雄性，另一头会是不具备生殖力的"雌性"，被称为"雄化雌犊"。雄化雌犊的体外生殖器一般呈雌性特征，或者说更像雌性，而非雄性，不过也有人证实其生殖腺与睾丸（或精巢）相似。坦德勒（Tandler）和凯勒（Keller，1911）表示，双生牛犊由两个卵细胞发育而成，利利（Lillie，1917）已经完全证明了这一事实。坦德勒和凯勒也指出，两个胚胎在子宫中借助绒毛膜[3]的连接，建立起循环上的联系（如图141）。马格努森（Magnussen，1918）描述过大量不同年龄段性器官不发达的雄化雌犊，并且通过组织检查来展示性器官不发达的老龄雄化雌犊有着发育良好的睾丸状生殖器官，即其具备睾丸的特殊管状结构，包括睾网管、性索和附睾。沙潘（Chapin，1917）和威利尔（Willier，1921）证明了这些观察，威利尔还特别细致地解释了卵巢从未分化时期向类睾丸结构转化的"不同阶段"。

---

〔1〕原文为Free Martin。Free Martin意为牝犊，"牝"为雌的意思。

〔2〕异性双生牛犊中，雄体能正常发育为有生育能力的公牛；而90%的雌体则往往不孕，其外形有雄性表现，称为"雄性中性牛"，这种牛的卵巢退化，子宫和外生殖器官发育不全，成熟后不发情，外形和雄牛表现相似。牛的这种现象称为"自由马丁"现象。

〔3〕绒毛膜：由滋养层和胚外中胚层的壁层构成的膜。随着胚胎发育，丛密绒毛膜与基蜕膜共同构成了胎盘，而平滑绒毛膜则和包蜕膜一起逐渐与壁蜕膜融合。

马格努森（他错误地相信性器官不发达的雌犊是雄犊）没有在"睾丸"中发现精子。他认为，这是睾丸留在了腹腔内所致（隐睾症[1]）。据说，在这些哺乳动物体内，睾丸会正常地下降到阴囊中，但如果睾丸遗留在腹腔里，便没有精子。然而

□ **图141**
　两只胎盘连接在一起的胚胎时期的小牛。其中一只是发育不全的雄化雌犊。

在胚胎的早期，当睾丸仍在腹腔里时，却出现了生殖细胞。根据威利尔的研究，在性器官不发达的雌犊所谓的"睾丸"中，是没有原始生殖细胞的。

利利断定性器官不发达的"雄化雌犊"是雌性，且该雌犊的生殖腺转变成了类睾丸的器官。我们几乎找不到可以用于质疑的证据，毕竟利利已经从上述证据中得到了强力的支持。但这一转换，到底是由于雄性血液成分的影响，还是如威利尔所想的那样，是由于睾丸激素对血液的影响，结论悬而未决。因为目前无法证明，由雄性胚胎的生殖腺所产生的任何特殊实质，能对幼龄卵巢的发育产生这样的影响。既然雄性胚胎的所有组织都含有雄性染色体组合，那么，其血液与雌性的血液相比，也会有不同的化学成分，这种差异由此影响到生殖腺的发育。大体上，我们公认年幼的生殖腺兼具卵巢和睾丸的原基，或者正如威利尔所指出的那样："性别分化时期，在卵巢内，会

---

　　[1]睾丸在正常发育过程中会从腰部腹膜后面下降至阴囊。如果没有出现下降或下降不全，阴囊内没有睾丸或只有一侧有睾丸，则称为隐睾症，临床上也称为睾丸下降不全或睾丸未降。

有雄性结构的原基在性器官不发达的雌犊生殖腺中发育。"这些观察中，最重要的一个事实是，在性器官不发达的雌犊中是没有雄性生殖细胞的。双生牛犊中雄性的血液，并不会影响雌犊原始卵细胞向产生精细胞的方向转变。

据记载，哺乳动物（包括人）时常会出现兼有雌雄两性器官（甚至包括卵巢和睾丸）的个体。之前，我们将这些个体称为雌雄同体，现在则称之为性中型，或者性别呈中性。产生性中型的条件，目前还是未知的。克鲁（Crew）报道过25例山羊和7例猪[1]。他相信，既然这些案例中的个体都有睾丸，那么它们就是改变过的雄性。贝克（Baker）最近的研究指出，在一些岛屿（希赫布里底群岛）上性中型较为普遍，"几乎在每个小村庄都可以找到它们"。根据他的报道，在有些案例中，性畸形的趋势是从雄性得来的。贝克认为它们极有可能是转变了的雌性[2]。

---

〔1〕皮克（Pick）之前就描述过这样的案例。其中马出现了2例，羊出现1例，牛出现了1例。

〔2〕普兰格（Prange）描述过4头雌雄同体的山羊，它们都有雌性体外性器官，但乳腺并不发达。这些山羊的性行为和毛色与雄性的相同，体内有雄性和雌性导管，但生殖腺却是睾丸（隐睾症）。哈曼（Harman）女士之前描述过1只雌雄同体的猫，这只猫的左侧有睾丸，右侧有卵巢和精巢。其左侧的生殖器官和普通雄猫的相同，右侧的生殖器官却又和普通雌猫的相同，只是输卵管的大小有些差异。

第十七章　性逆转

　　在反常的环境下，某个遗传学意义上的雄性可能会逆转为雌性，反之亦然。这与某个体在其发育的某个阶段表现出雄性功能，而在下一个阶段又表现出雌性功能相比，并没有什么令人特别吃惊的地方。那么，这完全是一个事实问题，即是否会有证据证明，有着雄性遗传成分的个体，在一组不同的条件下，在功能上又会变成雌性，反之亦然。近年来，已经有研究者报道过几个这样的案例，其科学性有待于仔细而又公正的检验。

在涉及性别决定的早期文献中，流露出了这样一个观点，即胚胎的性别是由胚胎所处的发育环境所决定的。换句话说，早期的胚胎是没有雌雄之分的，或者说是中性的，真正决定胚胎雌雄的是胚胎后期所处的环境。既然我们已经证明，得出这一观点的证据各有某一方面的缺陷，便没有必要再去重述了。

近年来，出现过一些关于性逆转的讨论。性逆转意味着，原先个体被确定为雄性，后期转变成了雌性，反之亦然。有人认为，如果这种假设被证实，那么遗传学上有关性别的解释就会失效，甚至被推翻。但几乎没有人意识到，主张性染色体或基因决定性别的说法，与主张其他因素（尤其是环境）会影响个体的发育，从而导致通常受基因决定的平衡被改变或逆转的说法，两者并不矛盾。不弄明白这一点，就不能彻底掌握基因论的基本理念。因为基因论只是假设，在一定的环境下，由于现有基因的作用，预计可以产生某种特殊的效果。

在反常的环境下，某个遗传学意义上的雄性可能会逆转为雌性，反之亦然。这与某个体在其发育的某个阶段表现出雄性功能，而在下一个阶段又表现出雌性功能相比，并没有什么令人特别吃惊的地方。那么，这完全是一个事实问题，即是否有证据证明，有着雄性遗传成分的个体，在一组不同的条件下，在功能上又会变成雌性，反之亦然。近年来，已经有研究者报道过几个这样的案例，其科学性有待于仔细而又公正的检验。

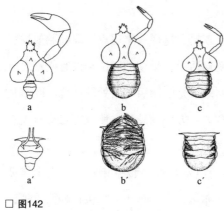

□ 图142

图a为正常雄蟹，a′为其腹部；图b为正常雌蟹，b′为其腹部；图c为被寄生的雄蟹，c′为其腹部。

环境的改变

1866年，贾尔（Giard）证明：当某些甲壳类，如蟹奴[1]寄生于雄蟹身上时，雄蟹会发育出额外的类似雌蟹的性状。如图142a所示是一只成年雄蟹，有着大型螯足，图142a′所示为雄蟹的腹部和交媾附肢；图142b所示为一只成年雌蟹，有较小的螯足，图142b′所示为雌性的腹部，有多刚毛的二叶状抱卵附肢；图142c所示为早期被寄生的雄蟹，螯足较小，与雌蟹的螯足相似，图142c′所示为被寄生的雄蟹的腹部，其小型二叶状附肢与雌蟹的相似。

寄生物将长长的根状突起伸入蟹体内部，靠吸食蟹的体液生活，同时能反过来影响蟹本身的生理过程。一开始，雄蟹的睾丸并不会受影响，但后期可能会退化。史密斯（G. Smith）至少在一个寄生物脱离蟹体的案例中，发现再生的精巢里有较大的生殖细胞出现，他认为那是卵细胞。

蟹体的变化究竟是由于睾丸被吸收，还是因为作为宿主受到了更直接的影响，贾尔并没有给出结论。史密斯提出了一些关于血液中脂肪的证据，且给出了确切的论据来支撑蟹体的改变是由于蟹体作为宿主受到生理影响这一观点。目前，关于甲壳类生殖腺的破坏是否引起第二性征，也没有任何证据。

---

〔1〕蟹奴：一种寄生在螃蟹身上的藤壶类生物。蟹奴虽属藤壶类，但其外观与海边岩石上一簇簇灰白色带壳的其他藤壶大不相同。

在昆虫被摘除生殖腺方面，已有证据证明，摘除睾丸或是卵巢并不会引起第二性征。因此，科恩豪泽（Kornhauser，1919）描述甲虫Thelia的一个例子就显得尤为重要了。当这种甲虫被一种翅膜类常足螯峰寄生时，雄虫会表现出雌性的第二性征，或者说在最低限度上，被寄生的雄虫不能发育出雄性的第二性征。

大多数的十足目甲壳类动物都分雌性和雄性，然而也有某几例雌性或雄性同时出现睾丸和卵巢，或者说某种生物的雌性和雄性都出现了卵巢和睾丸，也有某几例年幼雄性在其睾丸中出现了类似卵细胞的较大细胞。曾有几例关于蛤蜊的性中型的报道，但并不知道其是否有完全逆转[1]。

几位观察者描述过水虱及与其亲缘关系较近的其他物种的性中型，但还没有完全逆转的例子。法克森和赫胥黎[2]最近对被称为雌性性中型的若干水虱做过描述，并指出："在它们到达成熟时，多少会和雌水虱比较像，但之后会逐渐变得更像雄水虱。"

大多数的藤壶是雌雄同体[3]。但在一些种属里，除了那些固定的大型雌雄同体的藤壶之外，会有微小的雄性，也会有一些种类只有固定的雌性和雄性。通常这些原本固定的个体被当作真正的雌性，但史密斯推测，如果一只自由游动的藤壶幼虫固定下来，发育壮大，那么，它将会经历雄性时期，一直发育成雌性；但如果一只自由游动的藤壶幼虫自身依附于雌性，那么它发育

---

〔1〕参考法克森（Saxon）、艾（Hay）、奥特曼（Ortman）、安德鲁（Andrews）和特纳（Turner）。

〔2〕赫胥黎（T. H. Huxley，1825—1895），英国著名博物学家、生物学家、教育家。他是捍卫达尔文进化论最杰出的代表。其代表作品有《人类在自然界的位置》《无脊椎动物解剖学手册》《进化论和伦理学》（即《天演论》）等。

〔3〕藤壶：俗称"触""马牙"等，是一种附着于海边岩石上的有着石灰质外壳的节肢动物，常形成密集的群落。藤壶是雌雄同体，大多行异体受精，生殖期间用能伸缩的细管将精子送入别的藤壶中使卵受精。受精卵经历变态发育，从幼体发育为藤壶成体。

成雄性后就不会再发育了。这似乎意味着，一个未发育的藤壶个体，是发育成雌性，还是会因受到限制而发育成雄性，由环境决定。

藤壶的例子与巴尔策所描述的后螠的例子相似。如果自由移动的后螠幼虫附着在雌螠的吻上，它会保持极小的体形且发育出睾丸；但如果后螠幼虫独自定居下来，它会发育成大型雌性个体。这一证据并不排斥两种个体各向一个方面分化的可能性。但巴尔策的解释看似更可行。

如果关于藤壶和后螠两例的确切解释和巴尔策的描述一致，那就意味着这些类型中的性别形成，是由生长的环境条件所决定的，这也就意味着所有个体就基因而言，都是相同的[1]。

与年龄相联系的性别变化

生物学家知道，在某些动物和植物中，有这样几个例子，一开始个体表现出雄性功能，之后又表现出雌性功能，或者先雌后雄。但是在这些转性的特殊案例中，个体的性别一开始是按染色体组合而决定好的，据说在极少数情况下才逆转为另一性别，其染色体组合却没有改变。

根据南森（Nansen）和坎宁安（Cunningham）的描述，盲鳗[2]在年幼时是雄性，之后会变成雌性；但施赖纳（Schreiners）夫妇之后的观察表明，年幼的盲鳗是雌雄同体，生殖器的前部是睾丸，后部是卵巢，尽管没有表现出雌性和雄性的功能。之后，每个盲鳗最终会表现出真正的雄性特征或真正的雌

---

〔1〕据古尔德（Gould）所说，如果幼小的舟螺定居在雌性的附近，便会在幼年的时候发育成雄性，并且一直保持这种状态；但如果幼小的舟螺离开大个体而定居下来，则不能生出睾丸，且以后会变成雌性。

〔2〕盲鳗：圆口纲盲鳗目的一种低等脊索生物。盲鳗的鳃囊有6对之多，雌雄同体，但在生理功能上两性仍是分开的。在盲鳗幼体中，生殖腺的前部是精巢，后部为卵巢，若前部发达后部退化，则为雄性；反之，则为雌性。

性特征。

　　剑尾鱼[1]是一种观赏鱼，它的饲养者报道了它在不同的时期会从雌鱼逆转为雄鱼。尽管我们至少在一个案例中发现了成熟的精子，但不幸的是，这些转性的雌鱼会得到什么性别的后代，我们至今都没有这方面的记载。最近，埃森贝格（Essenberg）对幼龄剑尾鱼生殖腺的发育做了研究。他发现，刚出生的剑尾鱼长8 mm，其生殖腺还没有明确地分化成雌性或雄性（也可以说处于"中性阶段"），生殖腺内存在由腹膜发育而来的两种细胞。长到10 mm时，剑尾鱼的性别特征开始变得明显：雌鱼原始的生殖细胞逐渐转化成幼龄卵细胞；雄鱼真正的生殖细胞（精细胞）仍然从腹膜中分化出来。在其发育到10 mm到26 mm的未成熟阶段，埃森贝格记录了74只雌鱼和36只雄鱼，这些雌鱼中包括退化的雌鱼，即正在从"雌鱼"转化成"雄鱼"的类型。根据贝拉米（Bellamy）的记载，成年剑尾鱼的雄雌比例为75∶25。这一性别比例的改变，并不是生存能力的细微差别所致，而是因为发生了"性逆转"。这一逆转大多发生于16 mm到27 mm的剑尾鱼中，但也可能发生于之后的各个阶段。数据表明，大约有一半的"雌鱼"都逆转成了雄鱼。然而这不是说有雄性作用的雌鱼会转变成雄鱼，而是说半数的年幼"雌鱼"因为有了卵巢，于是被当作雌鱼，这个卵巢稍后会转变为精巢。哈姆斯（Harms，1926）最近记载了没有生殖能力的年老雌剑尾鱼的性逆转，他发现它们变成了有功能的雄鱼。当这些性逆转的雌鱼变成雄鱼继续繁殖时，其只 能繁育出雌鱼后代。这意味着如果这些鱼产生的是同型配子[2]，那么次级雄鱼（由雌鱼转换成的雄

----

　　[1]剑尾鱼：花鳉科剑尾鱼属的一种热带鱼。产于墨西哥、危地马拉等地的江河流域。性情温和，很活泼，可与小型鱼混养。雄鱼尾鳍下叶有一呈长剑状的延伸突。剑尾鱼原为绿色，体侧各具一红色条纹，现已培育出许多花色品种。

　　[2]由性染色体决定的性别，称为染色体性别。生殖母细胞中的两个性染色体如果相同，经减数分裂所产生的配子也相同，这类配子称为同型配子；生殖母细胞中两个不同的性染色体所产生的两种不同的配子，称为异型配子。

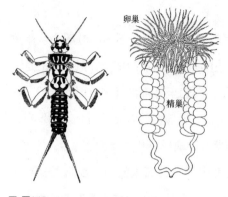

□ **图143**

左侧为具缘石蝇。右侧是幼龄雄蝇的两性腺（即卵巢、精巢）。

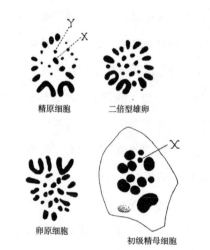

□ **图144**

石蝇的精原细胞、卵原细胞、二倍型雄卵以及初级精母细胞。

鱼）中的功能性精子都含有一条X染色体。

最近，容克尔（Junker）对具缘石蝇[1]的一个奇怪例子做过如下描述。幼龄雄蝇会经历一段卵巢中含有发育不全的卵细胞的时期（如图143）。雄性石蝇有一条X染色体和一条Y染色体，雌性石蝇有两条X染色体（如图144）。当石蝇成年时，雄蝇中的卵巢消失，而其睾丸会产生正常的精子。在这一例子中，我们不得不作出这样的推论：雄蝇在幼年时期缺失一条X染色体并不足以压制卵巢的发育，但是当个体成年时染色体的组合却发挥了作用。

蛙的性别以及性逆转

自从普夫吕格尔（Pflüger）在1881—1882年经研究给出有关幼蛙的性别比率以来，大家都知道从蝌

---

〔1〕石蝇：属节肢动物门六足亚门昆虫纲有翅亚纲襀翅目的一种昆虫。全世界现发现有3 497种，新的种类还在持续发现中。幼虫生活于流动的溪流中，而成虫则生活于陆地。触角长；咀嚼口器不发达；膜翅两对，后翅一般较前翅宽而短，静止时折成扇状。

蚪发育到青蛙的变态时期内，生殖腺往往表现为中间状态。分化所得个体究竟是雌是雄，引发了很多争议。近年来，有研究证明，这些性中型往往会变成雄蛙，而且有人断言，很多蛙类的雄蛙都会经历这一阶段。

赫特维希（R. Hertwig）的实验表明，通过延缓青蛙卵细胞的受精时间，将会大大增加雄蛙的比例。在极端的例子中，也存在所有的幼蛙都发育成雄蛙的情况。有人企图将延缓受精的这些例子与染色体的改变联系起来，但没有成功。

进一步的研究表明，早期研究的结果是不明朗的，因为没有意识到不同种类的青蛙在睾丸（也称精巢）和卵巢的发育过程中存在很大的差异。维奇（Witschi）表示，欧洲山蛤通常分为两类或两族。其中一种山蛤，在早期生殖腺中就直接分化出了睾丸和卵巢。这种类型的山蛤，生活在山岳地区或偏远的地方。另有一种山蛤，生活在峡谷，常见于欧洲的中部，其成雄蛙个体的生殖腺会经历一段中间时期，在这段时期内生殖腺内部所出现的大细胞，被维奇当作未成熟的卵子。这些卵细胞后期会被一组新的生殖细胞取代，之后发育成真正的精子。这种山蛤，被称为未分化族。

斯温格尔（Swingle）同样发现美国产喧蛙[1]有两种类型或者两族，大概说来，其中一种的睾丸和卵巢很早就在原生殖腺期分化出来。另一种蛙的分化时间则较晚，其原生殖腺中较大的细胞稍后会变成最终的卵细胞，但在雌蛙分化以后，雄性的原生殖腺还会保持一段时间，且其中较大的细胞也许会分化成精细胞。不过这些较大的精细胞大部分会被吸收，只有一小部分会保持未分化的状态，最终发育成真正的精细胞。斯温格尔并未将雄蛙中的大细胞解释为卵细胞，而是将其解释为"雄性的精母细胞"。他表示，这些细胞

---

〔1〕又称牛蛙，菜蛙。

经历过一次失败的成熟分裂后，其中的大多数受到破坏且分裂开来。也就是说，雄蛙并没有经历雌蛙阶段，只是好像在其第二次成熟分裂之后和分化发生之前，做出了一次形成精细胞不成功的尝试罢了。

无论对原生殖腺中的大型细胞作何种解释说明，当前探讨的要点是，外在条件或内在条件，是否可以影响已预先决定的雌蛙原生殖腺，以至它后来形成有作用的精细胞。维奇的证据，支持在这些中性族内有过这样的转化。

维奇将德国和瑞士不同地区的不同观察者所报道的山蛤的性别比例汇集在一起，结果如表14所示。最右边一栏表示雌蛙所占的比例。我们会看到前两组（第Ⅰ组和第Ⅱ组）的雌雄比例接近1∶1，而后三组（第Ⅲ组、第Ⅳ组和第Ⅴ组）的比例中，雌性占比更高，这些地区中还有一对雌雄所生的个体全是雌蛙（100%）的情况。这些蛙，都属于中性族。

维奇发现了一个重要的事实：分化族和未分化族，所展现的遗传性别比例是不同的。赫特维希让不同种类的雌性与雄性进行杂交，结果如下：

（1）未分化族雌性　配　分化族雄性 = 69例未分化型雌性 + 54例雄性

（2）分化族雌性　配　未分化族雄性 = 34例雌性 + 54例雄性

表14　不同地域的各种山蛤在紧接变态以后（最多两个月）的性别比例

（有星号的是在野外捕获的）

群	地域	作者	被检查的动物数目	雌性百分率
Ⅰ	Ursprungtal			
	Bayr.Alpen	Witschi（1914 b）	490	50
	Sertigtal，Davos（Ratische Alpen）	Witschi（1923 b）	814	50
	Spitalboden（Grimsel，Berneralpen）	Witschi	46*	52
	Riga	Witschi	272	44.5
	Köngnisberg	Pflüger（1882）	370 500*	51.5 53

续表

群	地域	作者	被检查的动物数目	雌性百分率
II	Elsass（Mm）	Witschi	424	51
	Berlin	Witschi	471	52
	Bonn	Witschi	290	43
	Bonn	v. Griesheim and Pflüger（1881—1982）	806 668*	64 64
	Wesel	v. Griesheim（1881）	245*	62.5
	Rostock	Witschi	405	59
III	Glarus	Pflüger（1882）	58	78
IV	Lochhausen（München）	Witschi（1914 b）	221	83
	Dorfen（München）	Schmidtt（1908）	925*	85
	Utrecht	Pflüger（1882）	780 459*	87 87
V	Freiburg（Baden）	Witschi（1923a）	276	83
	Breslaut	Born（1881）	1 272	95
	Breslaut	Witschi	213	99
	Elsasaa（r）	Witschi	237	100
	Irchenhausen（Isartalüdl.München）	Witschi（1914）	241	100
		总计	10 483	

杂交（1）中子一代的雌性都是未分化型的；杂交（2）中子一代雌性分化都较早。由此，维奇得出结论：分化族的卵细胞比未分化族的卵细胞，有着更强的决定雌性的作用。

在另一个实验里，赫特维希让有着不同强弱"决定雌性能力"［克拉夫特（Kraft）］的未分化族进行杂交。他得出的结论是，弱卵细胞和强精细胞，与强卵细胞和弱精细胞的结合结果是一样的，即"同一类型的卵细胞和成雌精细胞，有着相同的遗传组合"。

有关蛙类的染色体成分问题，已经争论了好多年。这一争论，不仅涉及染色体数目，也涉及二型配子究竟是雌蛙还是雄蛙的问题。几种蛙类最可

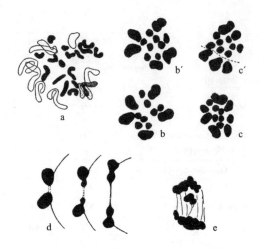

□ **图145**

欧洲山蛤的染色体群。图a为二倍体雄蛙染色体群；图b和图b′为精母细胞第一次分裂的后期，其各有13条染色体；图c和c′同前；图d为精母细胞的X、Y染色体的第一次分裂；图e为精母细胞的X、Y染色体的第二次分裂。

能的染色体数目似乎是26条（n=13），也有过染色体数目为24、25、28的报道。根据维奇最近的描述，欧洲山蛤有26条染色体，包括雄性的一对大小不一的XY染色体在内（图145）。如果这一点得到证实，那么，雌蛙为XX染色体（同型配子），雄蛙为XY染色体（异型配子）。

普夫吕克尔（1882）、赫特维希（1905）和之后的维奇（1910）已经证明，过度成熟的卵细胞会增加雄蛙的比例。

鉴于这些实验不是用同一雄蛙个体和同一组卵细胞（受精）来完成的，所以有人可能会对这一结果提出质疑。赫特维希自己指出，低温和过度成熟所产生的结果有很多相似之处。很多胚胎都是畸形的。维奇（用Irschenhausen族）证实了赫特维希的结果。预期过熟80到100小时的卵细胞，会得到74个雄性，21个雌性，20个性中型蝌蚪[1]。

赫特维希比较了正常型卵细胞和过熟型（相隔67小时）卵细胞所得后代的性别比例，结果如下：由正常受精得来的49日龄蝌蚪（恰好在变态发育开始之前），有46个性中型雌性；延缓受精时间，所得后代中有38个性中型雌性和39个雄性。正常蛙在150日龄时，有些是分化型雌蛙，有些是具有中性生殖

---

〔1〕在蝌蚪中有20%的死亡率，在幼蛙中有35%的死亡率。

腺的雌蛙，还有些是雄蛙（数量不明确）；通过延缓受精时间得来的蛙中，有45个中性雌性以及313个雄性。一岁大的蛙中，由正常型受精得来的蛙，会有6只雌蛙和1只雄蛙；由延缓受精时间得来的蛙，会有1只雌蛙和7只雄蛙。在此，可以看出过熟作用似乎会加速雄性的分化，这种作用还可以将中性的个体（这里列入未分化的雌性一类）逆转为雄性。

　　究竟该怎么去解释卵细胞过度成熟的结果，还不太清楚。从表面看，这些结果似乎表明，正常发育应该成为雌性的个体，可以发育成雄性。这种雄蛙的精子，其性别决定的性质究竟如何，我们至今还没有做过相关的遗传性检测。从理论上讲，这些精子应该是同型配子。但是，在自然环境下，这样的个体看似很难生存下去并发挥作用，要不然过度成熟的情况一定不会这么稀少。为何实际上没有出现正常雄性100%逆转为雌性的例子呢？维奇指出，过度成熟的卵细胞分裂异常，而且他所检测的少数胚胎出现内部缺陷，但这些缺陷与雌性到雄性的逆转是否有关联，目前还不清楚。

　　维奇的实验（1914—1915）已经证明：生殖腺尚未分化，或者说雌雄同体的生殖腺尚未成熟，这样的个体是可能受外在因素的影响而逆转成雌性的。[1]

　　Ursprungtal族的蝌蚪很有可能是未分化族。将它们置于10℃下培养，会

---

　　〔1〕某些蛙类的雄蛙和雌蛙的性染色体分别是XY和XX。如果让它们的蝌蚪在20℃温度下发育时，雌雄比例大约为1∶1。如果让这些蝌蚪在30℃温度下发育时，不管它们的性染色体怎样组合，它们将全部发育成雄蛙。这里要注意的是，虽然XX型蝌蚪在高温下会发育成雄蛙，但是，它们的性染色体组合仍是XX，其产生的精子均含X染色体。所以，高温只能改变蝌蚪性别发育的方向，并不能改变它们的性染色体组合。

　　受精卵（合子）是个体发育的起点，合子中的性染色体组合是决定性别的内因，它在受精作用完成时就确定了。性别分化是指合子在性别决定的基础上，进行雄性或雌性性状分化和发育的过程，这个过程与外界环境有密切关系。当外界条件符合正常性别分化的要求时，就会按照遗传基础所决定的方向分化为正常的雄体或雌体；如果不符合正常性别分化的要求时，性别分化就会受到影响，从而偏离遗传基础所决定的性别分化方向。

得到23只雄性和44只雌性；置于15℃下培养，会得到131只雄性和140只雌性；置于21℃下培养，会得到115只雄性和104只雌性。很明显，这一族蝌蚪的性别不受环境的影响。

另一方面，将Irschenhausen族的蛙置于20℃下，会得到241个未分化雌性；将6批蛙置于10℃下培养，会得到25只雄性和438只雌性。维奇从这一结果得出结论：低温是决定雄性形成的因素。但是他并没有忽视很多起初被称为雌蛙的个体后期发育成了雄蛙。在后来谈及这些实验时，他表明："低温使得雄蛙变成了雌性先熟的幼龄雌雄同体，在一般情况下这也是未分化族的正常现象。"

因此，除了真正的雄性状态延缓之外，是否还存在其他因素，似乎还有疑问。

从目前现有的证据来看，可以暂时得出以下结论：未分化族的个体，正常应变为雌性。看来，未分化族的生殖细胞会变为精细胞，或者被不同来源的细胞所取代，而这些细胞之后会变成精细胞。换句话说，蛙类中通常能使其成为雌性或雄性的基因平衡，也可以被环境因素推翻，而且睾丸可在染色体平衡的雌蛙的个体中发育。换言之，每只蛙都可能发育出睾丸和卵巢。在正常环境下，含XX染色体的个体只发育出卵巢，而含XY染色体的个体只发育出睾丸；但在异常环境下，有XX染色体的雌蛙或许会发育出睾丸。不过，有XY染色体的雄蛙是否会发育出卵巢，还未被证实。

曾有过很多关于"雌雄同体"成年蛙的记载（如图146）。克鲁列举了最近的40例。这些雌雄同体的蛙，与上述提到的雄雌性别转换是否有某种关联，我们还不得而知。也许重要的是，上述实验也报道了几例雌雄同体的个体。另一方面，某些雌雄同体的蛙，可能有着不同的起源。但是，生殖腺外的附属性器官不对称的几乎很少，而且生殖腺组织的分布通常也不规则，所以，没有证据证明它们是除去性染色体之后导致的雌雄同体或嵌合体。如果雌雄同体型的精细胞和卵细胞都是同型配子这一证据是有效的，那么，把失去染色体作为一种可能的解释，就失去了它的根据。

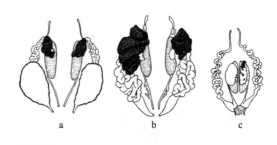

□ 图146

三种雌雄同体的蛙的生殖系。

维奇从某雌雄同体的个体中成功取出了成熟的精细胞和卵细胞，并用另一个分化族的精细胞和卵细胞与之进行测试，结果如下：

（1）分化族雌性卵细胞　配　雌雄同体型的精细胞 = ♀ + ♀

（2）雌雄同体型的卵细胞　配　分化族雄性精细胞 = 50%♀ + 50%♂

将雌雄同体型的卵细胞与同一个雌雄同体个体的精细胞进行结合，得到45个雌性和1个雌雄同体，因此：

（3）雌雄同体型的卵细胞　配　雌雄同体型的精细胞 = 45♀ + 1个雌雄同体

这些结果表明，原来的雌雄同体型雌蛙属于XX型。每个成熟的卵细胞，会携带一条X染色体。同理，每个能发挥作用的精细胞也一定有一条X染色体。这样，自然可以得出下列的任一结果：其一，每一个精细胞都含有一条X染色体；其二，一半精细胞含有X染色体，另一半精细胞不含X染色体。不过，后一种精子在母体内就已经死亡（从来没有发挥过作用）[1]。

———————————

〔1〕克鲁（1924）报道：他成功地用雌雄同体型的精细胞去刺激正常雌性中的卵细胞。每个蝌蚪个体，都会直接发育出生殖腺。所有的后代（774例）都会发育到可以判定性别的程度且都是雌性。其母方或许会被看作有着XX染色体的雌蛙，其产生的精细胞和卵细胞都会含有一条X染色体。维奇（1928）把7周大的蝌蚪置于32℃下，所有欧洲山蛤雌蝌蚪完成了卵巢发育为睾丸（会产生精子）的转化，而雄性没有变化。此为作者1928年添注。

□ 图147

半成年的加利福尼亚种雄蟾蜍睾丸前端的Bidder器官，其两侧有脂肪体的脑叶，下端有肾脏，其壁上有分支血管的器官是睾丸。

雄蟾蜍的Bidder器官向卵巢逆转

雄蟾蜍睾丸的前端部分由一些与幼小的卵细胞相似的球形细胞组成（如图147）。甚至在睾丸后端或睾丸本身的生殖细胞还没有分化之前，幼龄蟾蜍的睾丸前部便很明显了。其睾丸前部被称为Bidder的器官，常常引起动物学家的兴趣。对于Bidder器官可能的作用，这些动物学家提出了诸多观点。最常见的解释是把Bidder器官视作一个卵巢，前面提到的Bidder器官似卵细胞就是这一解释的强力证据。但是，幼龄雌蟾蜍真正的卵巢前端也有Bidder器官，这就和前面的解释相违背了，否则，雌蟾蜍前端便会有一个退化卵巢或祖型退化卵巢，而后端又有一个功能性的卵巢了。

居耶诺（Guyenot）和蓬斯（Ponse，1923）以及哈姆斯（Harms，1926）的实验先后表明，当睾丸完全从幼龄蟾蜍的体内移除之后，Bidder器官将在两年或是三年之后，发育成能产卵的卵巢（如图148）。卵细胞从母体中排出及受精之后的发育过程，我们也观察到了。毫无疑问，幼龄蟾蜍在睾丸被摘除之后会发育成雌蟾蜍。至于接受摘除手术的个体，到底是雌性还是雌雄同体，或许只是个定义问题。我个人倾向于称其为雄性，并认为上述结果表明，正是因为摘除其睾丸，才使其逆转为雌性的。于我而言，雄蟾蜍携带着能发育出卵细胞的器官是一个次要问题。因为一般来说，即使性别是由染色体机制决定的个体，也并不意味着，其置于生殖腺发育部位中的未分化的细胞，由于含有在另一情况下发育成雄性的某种染色体群，就不能在不同环境中发育成卵细胞。从基因方面看，这表明蟾蜍具有某种基因平衡，在正常的发育条件下，一部分生殖腺（前端）会发育成卵巢，另一部分生殖腺（后端）会发育成睾丸。在发育过程中，睾丸的发育会超过卵巢的发育，从而制约卵巢的发育。然而，如果摘除睾丸，这一制约便消失了，从而，Bidder器官中的细胞就能再度发育，成为有作用的卵细胞。蓬斯从转换后的雄蟾蜍的卵细胞中，得到了9雄3雌。哈姆斯用同一只雄蟾蜍繁育出了104雄57雌。如果假定雄蟾蜍有XY染色体，那么，预计性逆转后的雄蟾蜍将有半数的卵细胞含X染色体，半数的卵细胞含Y染色体。如果这些卵细胞和正常的雄蟾蜍的精子结合，预计后代会出现1（XX）：2（XY）：1（YY）的分布情况。YY个体多数不能存活，所以造成了雄性和雌性的比例为2：1，这同实际结果高度吻合。

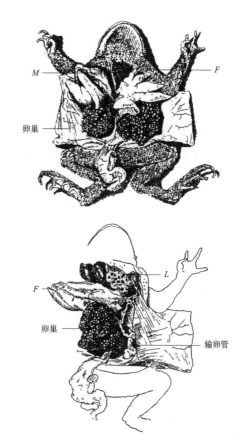

□ **图148**

　早期被移除睾丸的三年龄蟾蜍，其Bidder器官发育成了卵巢。下图为了展示增大的输卵管，特地将一边切除。

　　尚皮（Champy）描述了蝾螈中"完全型性逆转"的例子。使一只有雄性作用的雄蝾螈陷于饥饿，以致精细胞不会进行正常发育，但蝾螈仍然会保持"中性"状态。它的一个特点是：睾丸中有了原始生殖细胞。蝾螈以此状态挨过整个冬季。再取两只断食的雄蝾螈，为它们供应充足的营养，之后，它们的体色便会从雄性色彩渐变为雌性色彩。几个月之后，取其中一只来检测，尚皮发现检查结果证明了性逆转。既然这一例子近来常被用作性逆转的充分证据，那么，我们就有必要对尚皮的记录详述一番。尚皮所观察到的长形器官，只是与幼小卵巢长得相似而已，并不是卵巢。他将这个长形器官切开，发现里面含有幼小的卵形细胞（"卵母细胞"），这种卵形细胞同幼龄蝾螈变态时期内的细胞相似。他还辨别出了一条白色的曲折的输卵管。尚皮由此得出结论，这是一个有着幼雌螈卵巢的成年动物。这一证据似乎表明，断食处理会导致精原细胞和精细胞被吸收。但这并不能清晰表明，取代精原细胞或是精细胞的这些新细胞，究竟是增大的精原细胞，还是原始生殖细胞，或者是幼小的卵细胞。从两栖动物中得来的其他证据，似乎可以表明，这些细胞就是真正的幼小卵细胞，并且发生了局部的性逆转。

瘿蚊[1]的性逆转

Miastor和Oligarces这两种蝇类，一开始都是一代又一代凭借单性生殖产生蛆虫（幼虫）并发育成个体，后来才慢慢出现了有性世代的带翅膀的雄蝇和雌蝇。

由带翅雌蝇所产的卵细胞，预计会和带翅雄蝇所产的精细胞完成结合，一直发育到蛆虫时期为止。然而，这些蛆虫不会发育到成年时期。它们会产生卵细胞，之后进行单性繁殖。从这些卵细胞中，会诞生新一代蛆虫，然后重复这一步骤，终年不息。有些物种的蛆虫，会生活在枯树的皮层下面；有

---

〔1〕双翅目长角亚目瘿蚊科的通称，因其许多种类的幼虫在植物上形成虫瘿而得名。全世界已知约4 000种，为双翅目中一个经济上重要的大科。微小至中小型，身体十分纤弱，为长角亚目（蚊类）昆虫中最为纤弱的类群之一。

些物种的蛆虫，会生活在伞菌里面。在春天或夏天，从最后一代蛆虫中所产的卵细胞，会出现带翅雄蝇或带翅雌蝇。带翅蝇的出现，似乎与环境中的某种变化有关。哈里斯（Harris）在1923年至1924年期间证明，当培养器皿中挤满很多蛆虫时，如果条件合适，便会得到成虫；然而，在单独培养或少量培养的条件下，蛆虫只会继续在幼虫时期产卵，并产生蛆虫（幼虫生殖）。究竟群体培养的有效因子是什么，还不清楚。哈里斯发现，如果将一只蛆虫所产的全部幼蝇放在一起饲养，而幼蝇的后代也放在一起饲养，以此类推，那么从同一个种系培养出来的成蝇都是同一性别的。这似乎意味着，每个蛆虫个体在基因组成上要么是雄性要么是雌性，它们通过单性生殖会再生出同样性别的个体。如果这一结论是正确的，那就是说，决定为雄性的蛆虫和决定为雌性的蛆虫，都会产生有作用的卵细胞。到目前为止，性染色体在这些蝇类中的分布情况，我们还不清楚。

本例说明：决定为雄性的个体，在其生活史的某个阶段，产生了单性发育的卵细胞，而在另外一个阶段，则产生了单性发育的精子。

鸟类中的性逆转

人们早已知道，老母鸡和患有卵巢肿瘤的母鸡会发育出公鸡的次级羽，有时还会表现出公鸡的行为特征。人们也知道，完全摘除小鸡仅有的左侧卵巢之后，待其成年时，便会发育出公鸡的第二性征。若母鸡的正常卵巢产生的某种特质可以抑制羽毛的健全发育，则上述两种效果均可得到合理解释。当卵巢出现病症或被摘除时，母鸡会把其遗传成分中的所有可能性都表现出来，而正常情况下，这些特征只会在公鸡身上看到。

大家知道，有些鸡是雌雄同体，兼具卵巢和精巢（前面都用睾丸表示），一般情况下两者都得不到完全发育；在大多数例子中，这些鸡的生殖腺里通常有一个肿瘤，这一点可能重要，也可能不怎么重要。这里，令人存有疑问的是：究竟是先有雌雄同体状态，再出现肿瘤的；还是先有正常母鸡的卵巢肿瘤，之后精巢才开始发育的。在这些例子中，没有一例先表现出雌性功能，后表现出雄性功能的性逆转证据。不过，克鲁（1923）最近报道了这样一个例子：一只母鸡产了蛋，并孵出了小鸡（不清楚是不是从这些蛋里孵出来的），之后，这只小鸡长成了有生殖能力的公鸡。这只公鸡与正常母鸡交配，得到两个受精的蛋。因为这项实验的结果，是在严格控制的条件下得出的，所以只关注这只公鸡，看似没有问题。但案例中的这只母鸡，先前的历史或许存有疑点。因为很明显，这只母鸡是一群鸡中无记录可查的一只，它是否产蛋，缺乏直接观察或捕笼产蛋的方式来证明。当杀死这只母鸡并对其解剖时，我们发现，它的卵巢中存在大块肿瘤。"有一个与精巢完全相似的结构，同这块组织的背侧结合起来，而在身体另一侧的同一位置，也有另一个同样形状的结构。"在精巢中，可以看到精子形成的每一个时期。左侧"看到一条又细又直的输卵管，在靠近排泄腔的部位最宽，直径约有3mm"。

里德尔（Riddle）记载了第二个有关鸟类的例子。一只斑鸠起初表现出雌性的功能，连续产蛋。之后，这只斑鸠终止产蛋，在求偶期和交配期表现得像个雄鸠。数月后，这只斑鸠死于晚期肺结核。解剖时，这只斑鸠被误认成是其配偶（实际上其配偶比它早死17.5个月），而被记作一只雄鸠。之后在确定其号码和记录时，才知道它原来是只雌鸠，但它的"精巢"已被丢弃了。被确定为精巢的这个部位是否含有精子，目前并没有载明。

切除鸟类卵巢的影响

完全切除小鸡唯一的左卵巢，是相当困难的手术。1916年，古德尔

（Goodale）[1]几次成功地切除了小鸟的左卵巢，结果鸟儿发育出了丰满的雄性羽。古德尔还报道过，鸟右侧有一个带细管的圆形体，他将这一细管比作早期肾组织的小管。最近，伯努瓦（Benoit）也描述过切除卵巢对幼鸟的羽、冠、距的影响，这种影响与古德尔所研究的鸟类相同。但除此之外，他还提到在退化的左侧"卵巢"部位，发育出了精巢或类精巢器官，而且有时在左侧卵巢被切除的位置，还会出现一个同样的器官。有个案例中，在生殖细胞的各个成熟阶段，甚至还发现了精子核质固缩[2]。这是目前关于精巢状器官内含有精子甚至含有真正的生殖细胞的唯一记载，因此值得仔细研究。一只刚孵出26天的小鸟的左卵巢被切除，在6个月大时，小鸟长出了胀大的直立红冠，这种红冠和雄鸟冠的大小相同。在鸟体的右侧，发育出了一个类似精巢的器官。经组织学检查发现，其内含有较细的输精管，管内可以看到精子形成的各个阶段。精细胞核发生核质固缩，且精子稀少，看起来也不正常。这一雄鸟体内的输精管道一直延伸到了泄殖腔[3]。在精巢基部同样也出现了一个管状结构，该结构与雄性幼鸟的附睾极为相似。在类精巢器官中出现精细胞的，这是唯一的一例。在伯努瓦做过手术的其他鸟中，虽然也会有类精巢器官的发育，但没看到生殖细胞。是否有可能犯了一个错误，本例中的这只鸟实际上是一只雄鸟呢？此外，伯努瓦还发现，在移除小鸟的精巢后，鸟冠缩小，鸟变得像被阉掉的鸡。在其他案例中，还没有出现雄冠缩小的情况。但含有精子的类精巢器官的出现，引起雄冠和冠垂的发育，仍

---

〔1〕古德尔：出生于伦敦，澳大利亚生态学家和植物学家。
〔2〕精子的形成过程包括核质固缩、细胞质丢失、鞭毛形成等阶段。
〔3〕泄殖腔：早期胚胎腹面结构。受孕后性分化前，雌雄的性腺一样。若无雄性激素，它将自动发育成雌性，即发育为阴道下段和雌性外阴；若胚胎发育的关键期有雄性激素的作用，那么，它将发育为雄性外生殖器，即阴茎、阴囊等，并使下丘脑促性腺激素释放，激素的分泌呈现非周期性变化。

然是有可能的。另一只4日龄鸟，被伯努瓦切除卵巢后，在4个月内长出了一个不寻常的器官。通过检测，伯努瓦发现在鸟的右侧出现了类精巢器官，内含物质不详。

伯努瓦检查了一只正常幼龄雌鸟右侧退化的卵巢原基的组织结构。他发现，这一退化卵巢的组织结构与幼龄雄鸟的附睾相同，具有纤毛输出管和精巢网。对此，他得出结论：鸟右侧生殖腺不是一个退化的卵巢，而是一个未发达的右精巢，它是在左卵巢被摘除后才形成的。我认为，上述证据并不能支持这一结论。众所周知，在脊椎动物生殖器官发育的早期，雄鸟和雌鸟都具有雌雄两性主要的附属器官。因此，很有可能在这些器官的正常发育受到干扰时（左卵巢被切除），这些未发达的器官于是得以发育，最终形成了类精巢的结构。而且，依据至今报道过的大多数例子，该结构不含精细胞。左侧球状器官的出现（古德尔和多姆分别有报道），似乎也证明了这一见解，而这不利于伯努瓦先前得出的结论。

最近，多姆（L. V. Domm）初步报道了摘除幼鸟卵巢的结果。当这些鸟成年时，它们不仅在羽翼、鸟冠、冠垂和足距方面表现出雄鸟的第二性征，而且与正常公鸡打斗时，会发出雄鸟的啼声，还有与母鸡交尾的倾向。有只鸟在其正常卵巢（已被摘除）的位置上有一个"白色类精巢器官"，与这个器官相连的，是一个小卵巢滤泡。在这只鸟的右侧，同样有一个类精巢器官。第二只鸟的生殖腺，与第一只鸟的相似。第三只鸟的类精巢器官，则出现在右侧。在这三只鸟的这些器官里，都没有观察到生殖细胞或者精细胞。

除非伯努瓦观察到的精子得到证实，否则，上述这些存在精巢或类精巢的例子是否真正发生过性逆转，尚不能确定。除了上述这一独特陈述，其他结果似乎也表明，在摘除卵巢之后，鸟类会发育出一个在外形上很像精巢（只是没有精细胞）的结构。我想，该器官在摘除卵巢之后发生，暂时可以用在胚胎时期存在的原有雄性器官原基会二次发育（次生性生长）和长大来解释。大家知道，把精巢片段移植到雌性体内后，这一精巢片段还可以继续发育，甚至还能产生精子，那么，在雌性体内存在一个精巢（甚至是一个有性功能的精巢），也不是一件令人惊奇的事情了。

　　总之，看似雌鸟的遗传成分（包括出现在雌鸟身体细胞和卵巢中的），会为卵巢的发育创造一个有利环境，而非精巢。反过来，雄鸟的遗传成分对于精巢的发育也有利。但是，在早期摘除雄鸟的精巢，却不会引起类卵巢特殊结构的出现。

连体双生蝾螈的性别

　　几位胚胎学家提出用侧面愈合的方法，把两只幼龄蝾螈融合为一体：在神经褶[1]刚好闭合之后，从卵膜中取出幼龄胚胎，并切除各个胚胎一侧的部分组织，将两个切口表面连接在一起。很快，这两个切口相连的胚胎就会愈合。伯恩斯（Burns）研究了这一连体双生蝾螈的性别，发现这两只蝾螈往往都是同一性别：44对是雄性，36对是雌性。如若随机组合，理论上应该得到1对雄性，2对一雌一雄，以及1对雌性。但既然连体双生蝾螈中并未出现一雌一雄，那么，有两种可能：其一，一雌一雄的连体双生蝾螈不能存活下来；其二，连体双生蝾螈中的某一种性别会占主导地位，并将另一种性别也逆转为该种性别。而且，既然在连体双生蝾螈中双雌和双雄都存在，那么，起主导地位的，有时可能是雄性，有时可能是雌性。对于这样的在交互影响上的差异，除非能找到某种解释，否则就不能证明后者（由一种性别主导另一种性别的解释）的可靠性。

---

　　〔1〕神经褶：亦称髓褶，主要指在脊索动物的发育初期（神经胚期），包围在神经板周围的外胚层隆起。

□ 图149

左边为大麻的雌株，右边为大麻的雄株。

大麻的性逆转

在很多显花植物的同一朵花上，或者是同株异花上，会同时存在含有卵细胞的雌蕊和含有花粉粒的雄蕊。花粉先于胚珠成熟，或者在别的例子中，胚珠先于花粉成熟，都不罕见。在有的植物中，一些植株只长胚珠，另一些植株只长花粉，也就是说，这一物种是雌雄异株，雌雄是分开的。然而，在某些雌雄异株的植物里，相反性别的性器官也会以未发育状态出现，且偶尔还会有性功能。克伦斯研究过几个特别的案例，并试图去测试它们的生殖细胞的性质。

最近，普理查德（Pritchard）、沙夫纳（Schaffner）和麦克菲（McPhee）所做的雌雄异株大麻的实验，表明环境条件或许会将一株产生雌蕊的植株（雌株）转化成一株产生雄蕊的植株（雄株），甚至这一植株的花粉还能发挥作用；反过来，环境条件也可能会使产生雄蕊的植株转化成能产生雌蕊的植株，甚至这一植株的卵细胞还能发挥作用。

在早春合适的时间里，播撒大麻种子，会得到数目大致相同的雄株（雄蕊）和雌株（雌蕊）（如图149）。但沙夫纳发现，当把种子播在肥沃的土壤内，并改变光照时长，大麻就会表现出两个方向的"性逆转"，"性逆转的程度大致与日照时长成反比"。乍一看，同样的环境既可以使雌株变雄株，也可以使雄株变雌株，很不可思议。因为人们或许能预计到相同的特定条件只会使得雌雄两种性别向中性或中间状态变化，或者只会使某一特定性别向另一性别转化。事实上，这类情况似乎也发生过，雌蕊植株上出现了雄蕊。反过来，雄蕊植株也可以出现雌蕊。"性逆转"的发生，在某种意义上主要指的就是以上逆转吧，尽管还存在另外一些情况：雌蕊植株的某一新枝只发育出雄蕊，而雄蕊植株的某一新枝则发育出雌蕊。在这些极端例子中，"性逆转"几乎被说成是发生在新部位上，这些新部位是在变化了的条件下发育出来的。麦克菲将植株暴露于不同时长的光照下，他发现雄株会产生含雌蕊的新枝，而反过来，雌株也会产生含雄蕊的新枝。但是他指出，与这些畸形的花朵一起出现的，还有很多性中型花朵。他说，"在很多例子中，这种变化是相当微小的，目前还不能断然得出遗传因子同这些物种里的性别完全没有关系的结论"。

在大麻中，是否含有内在的性别决定因素（可能是染色体体系）至今还未获得解答。到目前为止，只有麦克菲发表了关于遗传学证据方面的口头报道[1]，但这一报道意义非凡。如果大麻的普通雌株是同型配子（XX），而雄株是异型配子（XY），那么，当雌株逆转成雄株（准确地说，是产生功能性的花粉粒）时，所有花粉粒的性别决定功能将会是一样的，即这样的雄性植株会产生同型配子。麦克菲的口头报道也支持这一观点。相反，如果雄性植株逆转成雌性植株，预计可得两种异型配子。这似乎也实现了。

很早以前，克伦斯就报道过在其他植株中也有相似的结果，但所得配子种类的相关资料不是很令人满意。希望有关这项问题的证据，能很快被找到。与此同时，即使假设大麻中存在决定性别的内部机制（或许是XX-XY型），从性别可以随环境因素而逆转这一发现中，我们也不能得出任何新的观点。从原则上讲，至少在这些结果中，的确不存在与决定性别的染色体机

---

[1]在1925年动物学会会议上。

制相悖的内容。这样的机制，是在一定的环境条件下使平衡倾向于某一方的一个因素。染色体机制的意义正在于此，别无其他解释。不过，这样的机制，可能会受到其他外因的压制。这些外因，既可以改变自身平衡，又能在正常工作条件恢复时保持正常工作的能力。如果上述暂定的实用性结论得到证实，也即在正常雄性配子为异性配子的物种里，同型配子的雌性会逆转成同型配子的雄性，那么，也就意味着，在该关系（染色体决定性别的机制）中，再也找不到比这更好的例子了。实际上，这为性别决定的遗传学见解提供了另一种令人信服的证据，而且，对于那些不能理解遗传学家关于染色体机制以及孟德尔式现象的解释的人来说，这也是一个极具教育意义的例子。

有一种山靛属[1]植株，也是雌雄异体，但雄株中偶尔会出现雌蕊，反之，雌株中偶尔也会出现雄蕊。一株雄株植物上可以有25 000枚雄蕊，雌蕊却只有1~47枚；反之，一株雌株植物会出现25 000枚雌蕊，却只有1~32枚雄蕊。

扬波利斯基（Yampolsky）报道过两种特殊植株（雌性植株中有雄性个例，雄性植株中有雌性个例）自花授粉后的子代性别。雌株自花授粉，所得子代都是雌株，或主要是雌株。雄株自花授粉，所得子代都是雄株，或主要是雄株。

目前，除非做出一些武断的假设，否则不能运用XX–XY这一公式对这些结果做出令人满意的解释。例如，如果雌株为XX型，那么其产生的所有花粉粒都应携带一条X染色体，因此所有子代都应为雌株，事实也是如此。但是如果雄株为XY型，那么，成熟的卵细胞中一半会有X染色体，另一半会有Y染色体。花粉的情况也是如此。自花授粉之后的子代，理论上的比例为1（XX）：2（XY）：1（YY）。如果YY型死亡，其子代的雌雄比例为1：2。然

---

〔1〕山靛属：属于大戟科，约8种，分布于地中海、欧洲和东亚，叶有蓝色汁液，含靛少，不堪用。

而，我们得到的结果却不是这样的。要使自花授粉的雄株只产生雄株，我们只能假定含X染色体的卵细胞在作为配子的时候就失去活性了，只剩含Y染色体的卵细胞还能起作用。至今，我们还没有找到可以支持或是反对这一假设的证据。在找到这方面的证据之前，这都是一个有待解决的问题。

第十八章　基因的稳定性

如今，我们把选择（不论是自然选择还是人为选择）所引起的这种变化，最多视作只在原有基因组合能够影响的变化范围内可引起的变化。换言之，选择不能使一个组群（物种）超过这一组群原有的极端类型。严格的选择能使种群达到一个点，在这个点上几乎所有个体都接近原群表现的极端类型，但超越了这个点，选择就不起作用了。现在看来，只有一个基因内部产生了新的突变，或者是一群原有基因内部出现了集体改变，才有可能引发永久性的变异，但这一变异有可能是进一步，也有可能是退一步。

至今，我们所谈到的种种，都暗示着基因在遗传上是一个稳定的要素。至于基因的稳定性是基于化学分子的哪一种稳定，或者只是在一个恒定的标准数值附近定量地上下波动，却是理论上或根本上的一则重要问题。

既然不能通过物理方法或化学方法直接研究基因，那么，我们关于基因稳定性的结论，就只能从其所产生的效应来加以推导。

孟德尔遗传理论假设基因是稳定的，它假设父方和母方赋予杂合子基因，在新环境中基因会在杂合子体内完整地保留下来。现在，让我们借助几个例子来回忆一下这一结论的实质性证据。

安达卢西亚鸡有白色、黑色和蓝色三种类型。如果让白鸡和黑鸡交配，子代为蓝灰鸡或蓝鸡。让两只蓝灰鸡交配，所得子代为黑鸡、蓝鸡和白鸡，且比例是1：2：1。在杂合子蓝鸡中，白色基因和黑色基因是分离开来的。一半成熟的生殖细胞会携带黑色基因，一半成熟的生殖细胞会白色基因。这些精细胞和卵细胞随机结合，据观察，孙代不同体色的比例是1：2：1。

为了验证杂合子生殖细胞中存在两种基因的推测是否正确，我们做了如下测试：用杂合子蓝鸡回交纯种白鸡，所得子代会有一半蓝鸡和一半白鸡；用杂合子蓝鸡回交纯种黑鸡，所得子代会有一半黑鸡和一半蓝鸡。可见，两次结果都与这一假设相符，即杂合子蓝鸡的基因是纯的，其中一半为黑色基因，另一半为白色基因。这两种基因出现于同一个细胞内，相互之间没有污染。

在刚才给定的例子中，所得杂合子既不像父方也不像母方，从某种意义上来说，是介于父方和母方之间的中间品种。然而在下面的这个例子里，杂合子和祖代中的一方是没有区别的。如果黑豚鼠[1]和白豚鼠交配，所得后

---

[1]豚鼠：又名天竺鼠，无尾啮齿动物，身体紧凑，四肢短小，头大颈短，具有小的花瓣状耳朵，其耳朵位于头顶的两侧，具有小三角形嘴。

代（子一代）全为黑豚鼠。让所得黑豚鼠自交，所得后代（子二代）豚鼠的黑白比例为3∶1。子二代的白豚鼠又能像祖代的白豚鼠一样，繁育出白豚鼠。从这个例子中也可以看出，虽然在杂合子中，白色基因和黑色基因共处了一段时间，但白色基因并未因此而被污染。

下面这一案例，祖代的双方极其相似。虽然所得杂合子表现出某种程度的中间型，但变动很大，其性状慢慢往祖代两方的性状靠拢，最后与祖代两方重合。在这种类型里，只有一对基因存在差异。

如果让黑檀色果蝇与乌黑色果蝇交配，其子一代正如上文所述，呈现出不同的中间体色。如果让子一代的杂合子自交，所得子二代的体色由浅到深，实际上呈现为一个连续的系列。然而，也有一些测试体色等级的办法。当子代的杂交完成后，我们发现其子二代的个体有纯黑檀色果蝇，有杂合子果蝇，还有纯乌黑色果蝇，且比例为1∶2∶1。在此，我们又一次得到基因稳定而未相互污染的证据。这一系列由浅到深的体色，仅仅是由于不同性状的叠加而形成的。

所有的这些例子简单明了，因为我们所涉及的每一个例子都只涉及单组基因所表现出来的差异。这些例子都为证明基因的稳定性原则服务。

然而，现实情况中往往不会一直这么简单。很多类型，在几组基因上都有差异，每组基因对同一个性状都有影响。因此，在它们的杂交后代里，无法得到简单的比例。例如，用短穗玉米与长穗玉米杂交，子一代会得到中穗玉米。将中穗玉米自交，子二代中会有各种穗长不一的玉米。有一些玉米穗，同原来的短穗族一样短，有一些同原来的长穗族一样长。在长穗和短穗之间，有一系列长短不一的中穗玉米。研究者检测子二代的个体，发现有几组基因对穗长存在影响。

还有人类身高的例子。某人的身体高，可能是因为腿长，可能是因为躯干长，又或者是两部分都长。有些基因可能会影响所有部分，而另一些基因可能对某个部位有着相比于其他部位更大的影响。结果便使得遗传情况复杂化，且至今未获解决。此外，环境在某种程度上也可能影响最终的结果。

这些都是多对基因参与的例子，遗传学学者还在努力探究每一次杂交中到底有多少基因参与性状的表达。单单因为涉及了几个基因或数个基因，这一结果就已相当复杂了。

在孟德尔的发现被披露前，正是这一类变异性，为自然选择理论提供了证据。这一问题，我们还是留待以后再行探讨吧。首先我们需要探讨一下的是，在认知选择学说中的一些限制上，由约翰森（Johannsen）[1] 在1909年的杰出研究中所取得的巨大进步。

约翰森用一种园艺植株，即公主菜豆来做实验。这种公主菜豆，严格以自花授粉的方式来繁育后代。因此，长期的自交使所有个体都变成了纯合子。这就是说，一对基因中的两个因子都是相同的。因此，公主菜豆适合用于进行精密的实验，借以判定菜豆间个体差异是否受选择的影响。如果选择改变个体的性状，那么，在这种情况下，性状的改变肯定是通过基因自身的改变而形成的。

不同植株所产出的豆粒在大小上有一定的差异。当将其按照大小顺序排列时，其数量会呈现为正态分布曲线。不管从每一代中选出来繁育后代的是大豆子还是小豆子，任一植株以及它的所有后代，在豆粒的大小上，都有着相同的分布曲线（如图150）。其后代总会得到（大小分布规律）相同的豆群。

约翰森在他检测过的菜豆中发现了九族菜豆。他认为，对这种菜豆的研究结果足以证明，给定植株之所以得到不同大小的菜豆，很大程度上是由其所处的环境因素所导致的。当选择开始时，只需要选用有着同组基因的材

---

〔1〕1909年，丹麦植物学家约翰森将遗传因子命名为基因。

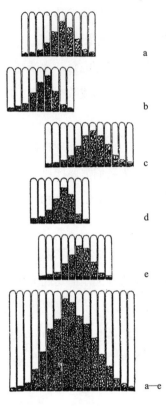

□ 图150

a、b、c、d、e代表着纯系的5个菜豆群的数量。底部的a—e为上述五个纯系的数量合并而成。

料，便可以证实这一论点。这说明，选择对基因自身的改变没有影响。

如果一开始选择的有性生殖动物或植物不是纯合子，那么，直接结果就不同了。为了证明这一点，研究者做了大量实验，例如居埃诺（Cuènot）对斑毛鼠的实验，或麦克道尔（MacDowell）对家兔耳长的实验，又或者伊斯特（East）和哈耶斯（Hayes）对玉米所做的实验。从中任选一个实验，都可以作为例子，来说明在选择下所发生的变化。在此只详述一例。

卡斯尔（Castle）研究了选择作用对一族披巾鼠（也称条纹鼠）毛色的影响（图151）。他开始用市场售卖的披巾鼠的子代做实验，他选择了两只披巾鼠，分别代表两方，一方是宽条纹的，另一方是窄条纹的。他将这两只披巾鼠分开饲养。在经历了几个世代的繁育之后，这两群披巾鼠出现了些许不同：宽条纹的一方，后背条纹越来越宽，其平均宽度甚至超过了原始披巾鼠的条纹宽度；窄条纹的一方，后背条纹的平均宽度，也比原始披巾鼠的条纹更窄了。选择作用确实以某种方式改变了条纹的宽度。到目前为止，这些实验结果还不能证明：这一改变不是由于选择作用将两组决定后背条纹宽度的基因分开而引起的。然而，卡斯尔认为，他研究的是单个基因的效果，因为当这些披巾鼠与全黑鼠或是全褐鼠杂交时，所得子一代会是杂合子。再用子一代的杂合子自交，所得子二代便会得出全黑鼠（或全褐鼠）与披巾鼠两型，比例为3∶1。事实上，这一孟德尔式的比例表明，披巾鼠毛上的有色条纹起源于一个隐性基因，但该结果未能证明这一基因所表达的效果有可能受到其他基因的影响，而这些其他基因决定着后背条纹的宽度。这才是真正存在争议的问题。

　　之后，卡斯尔完成了由弗里格特（Wright）设计的一个实验，事实证明：这些结果的出现，是条纹宽度的修饰基因被隔离开来所造成的。实验方法如下：让选择出来的披巾鼠种群（宽条纹和窄条纹的披巾鼠）与野生型披巾鼠回交（全黑或全灰的披巾鼠），挑选得出

□ 图151

四个类型的披巾鼠。

第二代（子一代）条纹披巾鼠。再将所得条纹披巾鼠与野生型披巾鼠回交，如此反复，直至回交两三代之后，我们发现，所挑选的条纹披巾鼠开始往回发育，也就是说回到了最开始的状态。我们所挑选出的窄条纹披巾鼠，慢慢往宽条纹披巾鼠的方向变化，而宽条纹披巾鼠慢慢往窄条纹披巾鼠的方向变化。换句话说，精选的两族披巾鼠彼此越来越相似，越来越像它们最初的那一族披巾鼠。

　　这一实验结果完全符合以下观点，即存在于野生型披巾鼠中的修饰基因会影响条纹鼠已有的条纹宽度。换句话说，原来的选择作用，通过分离变宽基因和变窄基因，从而改变披巾鼠条纹的宽度。

　　曾有一段时间，卡斯尔甚至自认为披巾鼠的实验结果重建了达尔文自然

进化论的观点，即选择会使得遗传物质往所选方向发生改变。如果这真的是达尔文的本意，那么这一观点对变异的解释，看似可以壮大如下理论：进化是借自然选择而进行的。卡斯尔在1915年说："我们目前所拥有的所有证据表明，外界的修饰因子不能说明我们在披巾鼠上所观察到的变化，而披巾鼠的变化是一个明确的孟德尔式单元。由此，我们被迫得出以下结论，即这一单元自身是在反复选择下，向着自然选择的方向改变的；有时这一改变很突然，就像'突变族'一样，而突变族自身是一种高度稳定的正向突变[1]；但更常见的改变是慢慢改变，就像在正负两个选择序列中不断发生的那样。"

一年后，他说："很多遗传学的学者目前都将单元性状看作一成不变的……这一问题，我已研究多年，在这一点上得出了一个大致的结论，即这些单元性状是可改变的，也是可重组的。很多孟德尔学派的人并不这么认为，在我看来，那是因为他们对这一问题的研究不够深入。事实很明显，单元性状会发生定量变异。……选择作为进化的动力，需被重新放到达尔文预言过的重要位置；选择作为动力，能持续推动种族发生进步性的改变。"

细看达尔文的著作之后，我们会发现达尔文进化论并非像卡斯尔所说，选择会决定或是影响未来的变异方向。除非我们引用达尔文关于获得性遗传理论的另一项假说（即泛生论），否则是找不到一点证据可以佐证卡斯尔的观点的。

---

〔1〕正向突变：正常存在于某物种中的一个野生型基因A，可以突变为隐性基因a，这个过程一般称为正向突变，或正突变；反之，隐性基因a也可以变成野生型基因A，这称为回复突变，或反突变。

　　达尔文坚信拉马克学说[1]。无论何时他的理论遇到困难，他都会立刻用拉马克学说去支撑其观点。因此，任何人只要愿意（尽管达尔文并未将两种观点混为一谈，卡斯尔也没有），都可以极具逻辑性地指出，无论何时，一个更有优势的类型被选择，其生殖细胞都会接触到其体细胞所产生的泛子，且受到泛子的影响，预计会往所选性状的方向改变。因此，每一次新进展都源于一个新的基础。如果突变散乱地发生，那么势必会出现一个新的模式，可

---

　　[1]拉马克学说：由法国博物学家拉马克提出的关于生物进化的系统看法。主要内容是：

　　（1）认为地球有悠长的历史，决非像特创论者所说的那样只有几千年历史，而且地球表面不是固定不变的，而是经历了一个不断渐变的过程。

　　（2）认为生命物质与非生命物质有本质区别；生命存在于生物体与环境条件的相互作用之中；低级生物类型可以不断地由非生命物质自然发生出来；植物和动物虽有重大区别，但有共同的基本特征；生命即运动，运动表现在各方面，既表现在生物体内液体的流动上，也表现在生物体吸收养料和排出废物上；生命是连续的、变化的、发展的。

　　（3）认为物种之间是连续的，没有确定的界限，物种只有相对的稳定性；物种在外界条件影响下可能发生变异，栽培植物和饲养动物的出现就是物种变异的例证；古代物种是现代物种的直接祖先，物种一般不会消灭；动物界普遍有种间斗争，种内斗争则不常有。

　　（4）认为生物进化的动力，一是生物天生具有向上发展的倾向，这是生物向上发展的原因。二是环境条件的变化，环境条件的改变会引起生物发生与之相适应的变异，环境条件变化的大小，决定着生物发生变异的程度；环境条件的多样性是生物多样性的原因。

　　（5）认为在植物和低等动物中，环境的改变会引起功能的改变，功能的改变会引起结构的改变；而在具有神经系统的动物中，环境的改变先引起生活需要的改变，生活需要的改变又引起习性的改变，新习性的发生和加强，引起身体结构的变化；凡经常使用的器官会发达进化，而经常不用的器官就会萎缩退化（即用进废退），这些后天获得的性状能够遗传给后代（即获得性遗传），这样经过一代代积累，就会形成生物的新类型。

　　（6）认为无论植物或动物，都按一定的自然顺序进化，由简单到复杂，由低级到高级；进化是树状的，即不只向上发展，也向各个方面发展；人类大概是由高级猿类发展而来的。

　　（7）最原始的生物源于自然发生。拉马克支持生物进化多元论，生物有多个祖先。

　　拉马克学说曾在科学界发生过重大影响，为以后生物进化论的发展奠定了基础。但是，由于当时生产水平和科学水平的限制，拉马克对进化原因的解释过于简单化。"生物天生具有向上发展的倾向"缺乏物质基础；"环境的改变会引起生物发生与之相适应的变异"也缺乏事实根据；"器官用进废退"在当代是可能的，但这种后天获得的性状，如没有影响到遗传物质，是根本不能遗传给后代的。

以超越先前的界限，往上一次革新所发生的那个方向上延展。换句话说，自然选择会在每种选择发生的方向上往更远的方向发展。

虽然人们认为，每当达尔文发现自然选择学说有不能解释的情景时，他在原则上便会借拉马克学说来为新的进展提供支持，但是，就像我所说的那样，达尔文从未借拉马克学说来支持他的自然选择学说。

如今，我们把选择（不论是自然选择还是人为选择）所引起的这种变化，最多视作只在原有基因组合能够影响的变化范围内可引起的变化。换言之，选择不能使一个组群（物种）超过这一组群原有的极端类型。严格的选择能使种群达到一个点，在这个点上几乎所有个体都接近原群表现的极端类型，但超越了这个点，选择就不起作用了。现在看来，只有一个基因内部产生了新的突变，或者是一群原有基因内部出现了集体改变，才有可能引发永久性的变异；但这一变异有可能是进一步，也有可能是退一步。

这一结论不仅是从基因稳定性理论得来的逻辑性推理，而且也是基于大量的观察得来的：某群物种每次被选择时，一开始的变化都会很快，但随后会渐渐缓慢下来，不久便停止了变化；此时，该物种会表现出与原群中少数个体所表现出的某种极端类型相同或相似的状态。

以上是从杂合子基因的污染和选择学说出发，对基因的稳定性所做的检测。关于躯体本身可能影响基因组成这一点，只是略有涉及。如果基因受到杂合子躯体性状的影响，那么，孟德尔第一定律基本假定的杂合子体内基因的精确分离，就势必不可能了。

这一结论，使我们得以直面拉马克的获得性遗传理论。在此，我们不去考虑拉马克理论的各项主张，以免离题太远，但请容我再次提及某些关系。这些关系是在拉马克学说所假定的——如果生殖细胞会受躯体影响，也即在一种性状上的改变，或许会引起某些基因内部发生相应的改变——情况下，期望得到的那些关系。现在以几个例子来阐述主要事实。

当一只黑兔与一只白兔交配时，所得杂合子幼兔为黑毛，但这只杂合子的生殖细胞内含等量的白毛基因和黑毛基因。即使所得杂合子为黑毛，也不会影响其产出含白毛基因的生殖细胞。且不管白毛基因在杂合子黑兔中停留多长时间，白毛基因仍旧为白毛基因。

现在，如果将白色基因看成某种实体，且假定拉马克学说成立，那么携带这一实体的个体，就会表现出一些躯体性状的效应。

如果将白色基因看作黑色基因的缺失，那自然就谈不上杂合子的黑色基因会对根本不存在的东西（这里指的是白毛基因）产生影响了。不过，对于信奉存缺理论的人[1]来讲，用这一观点来反对拉马克学说，是不能让他们信服的。

另一案例或许更能说明问题。让白花紫茉莉和红花紫茉莉杂交，会得到中间型的粉花紫茉莉杂合子（如图5）。如果我们将白花这一性状的出现解释为基因缺失的结果，那么红花性状的出现，必定是存在某种基因的结果。杂合子的粉红花色要比红花花色浅一点，如果性状可以影响基因，那么杂合子中红色花色的基因应该会被粉色花色的基因稀释。但在这里，或是在其他实验中，都没有记载过这样的效应。所以红色基因和白色基因在粉色花朵的杂合子中，应该是分离的，对躯体并没有任何影响。

或许，另一证据会更有力地驳倒获得性遗传理论。有一种果蝇，出现了被称之为不整齐腹缟（腹部黑缟不规则）的性状，其腹部原本整齐排列的黑缟或多或少地消失了一部分（如图152）。当培养基中的食物充足，且培养基保持较高的湿润度和酸性时，出现的第一只果蝇，其腹部黑缟损失较多。随着时间的流逝，培养基变得越来越干燥，所培养出的果蝇在外形上也越来越正

---

[1]这里指的是那些将白色基因看作是黑色基因缺失的一派人。

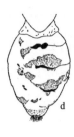

常，直到后来，我
们已不能将这些培
养基中的果蝇和野
生型的果蝇区别开
来。这里，我们遇
到了一个对环境影
响极其敏感的遗传
性状。这一性状，
为我们研究躯体对

□ **图152**

　　图a为正常雄蝇的腹部黑缟；图b为异常雄蝇的腹部黑缟；图c为正常雌蝇
的腹部黑缟；图d为异常雌蝇的腹部黑缟。

生殖细胞可能产生的影响提供了机会。

　　如果让早期孵出的果蝇[1]和异常黑腹果蝇交配，同时用后期孵出的果
蝇[2]和正常黑腹果蝇交配，在两者交配所得的子代中，会得到相同的果
蝇。最先孵化出来的果蝇的腹部是异常的，之后孵化出来的果蝇的腹部是
正常的。对生殖细胞而言，祖代的腹部正常与否，是没有一点区别的。

　　如果有人说，第一代的影响太小，以至于看不出来变化，那么请容我补
充一句，将孵化较晚的果蝇再连续繁殖十代，所得结果也不会与前面的结果
有任何出入。

　　还有一个例子，同样能证明这一点。在果蝇中有一种突变型果蝇，被
称为无眼果蝇（如图30）。这些果蝇的眼睛，比正常眼睛要小，而且变化很
大。通过选择所得到的清一色的原种类型中大多数果蝇没有眼睛，但随着培
育时长的增加，培养皿中将会出现越来越多的有眼果蝇，而且眼睛也越来越
大。现在，如果我们将后期孵化出来的果蝇繁育起来，所得子代和无眼果蝇

---

　　[1] 即处于高酸性和湿润环境下，腹缟高度不整齐的果蝇。
　　[2] 即处于低酸性和干燥环境下，腹缟高度整齐的果蝇。

的子代是一样的。

　　这里，晚期孵化中出现的果蝇，有眼是一个更为明显的性状，可能被认为是比不整齐腹缟的例子更好的证据。在不整齐腹缟果蝇的例子里，晚期孵化出的幼虫的对称性和色素沉淀，都不是很明显的存在性状。然而，两例的结果是一样的。

　　近些年来，有人自以为拿到了获得性遗传的大量"证据"，但我们没有必要去逐一验证。在此，我只选取最完备的一个例子加以说明，因为该例给出了这一结论所依据的数据和定量的资料。我指的是迪肯（Dürken，1906—1984）[1]最近做的实验。这一实验似乎进行得很仔细，而且对迪肯来说，这一实验似乎还为获得性遗传提供了一个有力的证据。

　　迪肯用普通甘蓝蝴蝶[2]的蝶蛹做实验。自从1890年以来，人们就知道当一些蝴蝶的毛毛虫化蛹之际（当这些毛毛虫转变为静止不动的蝶蛹时），环境或照射光线的颜色，都会在一定程度上影响蛹的颜色。

　　例如，如果甘蓝蝴蝶的毛毛虫在白昼甚至在弱光下生活和转化，所得的蝶蛹就会稍显暗黑；但如果甘蓝蝴蝶的毛毛虫在黄光或红光下，或者在黄色或红色的帘布后生活和转化，所得的蝶蛹就会是绿色的。蝶蛹之所以呈绿色，或许是由于表层黑色素的缺失。当黑色素缺失时，内部的黄绿色会透过蝶蛹的表皮显现出来（如图153）。

　　迪肯的实验是将毛毛虫置于橙光或红光下培养，得到浅色或绿色的蝶蛹。迪肯将得到的蝶蛹置于野外笼内饲养，且将这些蝶蛹所产的卵收集起

---

　　〔1〕迪肯：英国海洋学家，早年曾在伦敦皇家学院攻读化学。
　　〔2〕甘蓝蝴蝶：又称为菜粉蝶，别名菜白蝶，幼虫又称菜青虫，是我国分布最普遍，危害最严重，经常成灾的害虫。嗜食十字花科植物，特别偏食厚叶片的甘蓝、花椰菜、白菜、萝卜等。在缺少十字花科植物时，也可取食其他寄主植物，如菊科、白花菜科、金莲花科、百合科、紫草科、木犀科等植物。

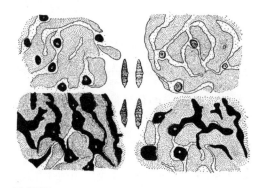

□ 图153

图示中央为甘蓝蝴蝶四种不同颜色的蝶蛹。围绕在它们周围的，是各自的表皮层色素细胞的特殊排列。

来。下一步，他把由这些卵孵化而来的幼虫，一部分置于有色光照下再次培养，另一部分置于强光或是黑暗环境中再次培养。后者作为对照组，实验结果如图154所示。图中用黑色条表示暗黑色蝶蛹的数量，用浅色条表示绿色或是浅色蝶蛹的数量。事实上，蝶蛹可分为五种颜色群，其中三群被归于暗色一类，另外两群被归于浅色一类。

正如图154中的1所示（代表正常的颜色），几乎所有随机收集或在正常环境中收集的蛹都是暗黑色的，只有一小部分是绿色或浅色的。将这些蛹的毛毛虫置于橙光环境中饲养，当毛毛虫化为蝶蛹时，会出现占比很高的浅色类型，如图154中的2所示。如果这时只选浅色类型的蝶蛹来饲养，一部分置于橙光下饲养，一部分置于白光下饲养，还有一部分置于黑暗中饲养，那么所得结果就会如154中的3a和3b所示。3a中的浅色蛹比之前的多，因为连续两代都置于橙光中饲养，浅色的效果得到加强。然而，3b这一组的意义更为重大。如图154所示，在白光或是黑暗中饲养的蝶蛹，比野生型中的浅色蝶蛹多。迪肯认为浅色蝶蛹的增加，一部分归于前一代从橙光中继承而来的效果，另一部分归于新环境所产生的反方向效果。

目前，从遗传学的角度来看，这一解释并不是那么令人满意。这个实验表明并非所有的毛毛虫都对橙光有反应。如果对橙光有反应的毛毛虫具有不同的遗传性，那么当选用它们即实验中的浅色蛹做橙光实验，且把对照组置于白光或黑暗中培养时，我们其实已经是在处理一个反应较强的类型，即一群经过选择的类型，并且预测该种群的下一代会再次有反应，事实上也确实如此。

因此，除非一开始便选取遗传上同质的毛毛虫，或者选取其他对照组进行实验，否则，这一证据显然不能证明环境的遗传效应。

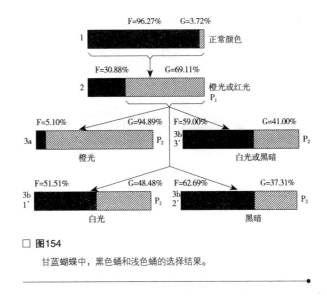

□ **图154**

甘蓝蝴蝶中，黑色蛹和浅色蛹的选择结果。

几乎所有这类研究，都犯过同样的错误。如果现代遗传学不能得出更多的成就，它也可以借展示这一证据的毫无价值来证实它自己。

现在，我们或许得转移到下一组例子。在部分实验里，有的可能是生殖细胞在经过特殊处理后受到直接损害，而受到损害的生殖物质会遗传给后代。由于生殖物质受损，后代中可能会出现畸形。这就意味着，上述特殊处理并没有通过首先使胚胎残缺来影响生殖物质，而是同时影响了胚胎及其生殖细胞。

在酒精对豚鼠的影响问题上，斯托卡德（Stockard）做过一系列实验。他把豚鼠置于充斥着高浓度酒精的密闭箱中。这些豚鼠吸入含酒精的空气，几小时后便会完全失去知觉。这一实验的时长相当久。有的豚鼠是在处理中（即失去知觉时）交配，有的豚鼠是在处理后（即苏醒之后）交配，不管是在哪种状态下交配，其所繁育出的豚鼠后代都是一样的。很多胎儿要么流产，要么被吸收，也有的一生下来就死了，或出现畸形，尤其是神经系统和眼部

□ 图155

两只异常的幼豚鼠，其祖先都是进行过酒精实验的。

畸形（如图155）。只有不表现出缺陷的豚鼠，才能继续繁育后代。但在它们所繁育出的后代中，畸形的幼龄豚鼠和表面看上去正常的幼龄豚鼠相继出现。在更后面的世代中，依然会出现畸形豚鼠，但它们只会从确定的个体中产生。

如果我们对受酒精影响的这一豚鼠谱系加以检查，看不出实验结果与任何孟德尔式比例的证据相符合。然而，受影响的部位所表现出来的异常，也不像在单个基因发生改变时所看到的那样。另一方面，这些缺陷与我们在实验胚胎学中所了解到的用有毒的介质去处理卵细胞而导致的卵细胞发育异常，有很多共同点。斯托卡德的实验引起了人们对这类关系的关注，人们认为他的实验结果意味着酒精会对一些生殖细胞产生一定的损害——有关遗传机制某一部分的损害。之所以这些损害只对躯体中的某些部位起作用，是因为这些部位对于任何脱离正常发育轨迹的变化最为敏感。这些敏感部位多为神经系统和感觉器官。

近期，利特尔（Little）和贝格（Bagg）在妊娠鼷鼠和老鼠身上进行了一系列实验，借以研究激光的作用。经适当处理，妊娠鼠子宫内的幼鼠胚胎可能出现畸形发育。在产前检查中发现，幼鼠的脑脊髓或其他部位（尤其是四肢原基）会局部出血（如图156）。在这些胚胎中，会有部分胚胎在产前死亡，并且被吸收；还有部分会流产；但仍然有一些有活性或是得以侥幸存活下来的胚胎，可以继续繁育。这些存活下来的幼鼠后代的脑部或四肢往往有缺陷。其后代中，可能会出现无眼幼鼠，或是只有一只眼睛的幼鼠，且这只眼睛比正常的眼睛要小。贝格让这些鼷鼠进行交配，他发现其后代所表现出来

的缺陷，大体上和原始胚胎中出
现的缺陷相似。

　　对于这些实验，我们该作
何解释呢？是不是因为激光最先
对发育中的胚胎的脑髓产生了影
响，从而导致缺陷，然后由于这
些脑髓缺陷的存在，同一胚胎中
的其他生殖细胞也随之受到了影
响呢？很明显，这一解释行不
通。我们能想到，当只有脑髓受
到影响时，下一代预计会出现脑
方面的缺陷；当眼睛是受影响的
主要器官时，下一代中预计会出
现眼睛方面的缺陷。然而截至目
前的所有报道，都没有出现类似
的情况。有着正常眼和畸形脑的

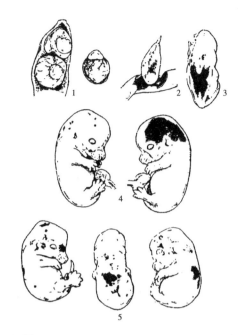

□ **图156**

　　当幼鼠胚胎处于妊娠鼠子宫内时，对妊娠鼠进行激
光处理，其幼鼠胚胎出现局部出血。

鼹鼠，可能生育出有缺陷眼的鼹鼠。换句话说，特定效应是不存在的，有
的只是一般效应。

　　还有另一种解释：激光会影响到子宫中幼鼠胚胎的生殖细胞。那么，从
这些生殖细胞发育而来的新世代个体，都会有缺陷，因为在正常发育过程中
最容易受到干扰的器官，也就是最容易被发育过程中的任何改变所影响的器
官。总之，这些器官是最脆弱的，或者说它们是发育中平衡阶段最微妙的，
因此这些器官最先表现出异常（即正常发育的脱轨现象）。我认为，这是目前
对于这些实验或是其他类似实验最合理的解释。

第十九章　总结

我们很难放弃这一迷人的假设，即基因是稳定的，因为它代表着一个有机化学实体。这是目前人们能得出的最简单的推断，而且既然该观点与基因稳定性的有关事实相吻合，那么该观点便可以暂时用作一个较好的试用假说。

先前各章着力讨论了两个主题：其一是染色体数目的改变所引起的效应；其二是染色体内部的改变（基因突变）所引起的效应。基因论足够涵括以上两种改变，尽管基因论关注的重心是基因本身。习惯上，突变这一术语同样涵括了这两种改变方式所产生的效应。

这两种改变与目前的遗传学理论，有着重大的关联。

染色体数目的改变和基因内部的改变所产生的效应

一方面，当染色体成两倍、三倍或是任何倍数增长时，个体的基因种类和之前的是一样的，而且各种基因间的比例是不变的。若不是细胞质的体积不会随着基因数量的增加而增加，我们预计这种基因数量上的改变是不会影响个体性状的。目前，我还不清楚细胞质不能相应增大的真正意义。总之，实验结果显示：三倍体、四倍体、八倍体等，与二倍体原型在任何性状上（除开体积）都没有什么显著不同。换句话说，染色体数目的改变或许会引起很多改变，但与原型相比，变化都不是很显著。

但另一方面，如果原来的染色体组群中增加了一两条多余的同对染色体，或增加了两条以上的异对染色体，或减少了一整条染色体，那么，就可以预计这些变化会在个体身上表现出较为明显的变化。有证据表明，当染色体数目较大时，或者发生改变的是一条较小的染色体时，这种增减所产生的效应并不会很剧烈。从基因的角度看，这一结果也是意料之中的。例如，增加一条染色体，意味着很多基因增加到三倍。虽然基因数量相对于之前有所增加，基因间的平衡会在某种程度上发生改变，但是既然没有增加新的基因，那么预计这种改变的影响会表现在许多现有性状之上，使得这些性状的强度或有所提升，或有所减弱。这一点和目前所报道的所有事实都是吻合的。然而，我们需要留意的是，就目前所知，这种染色体数目的变化所引起的结果大多是有害无益的。如果遵循正常个体的长期进化史来预测，正常个体对内在关系和外在关系的适应，都会尽可能地完善，那么这一点也是可以预料到的。

虽然这样的改变会对很多性状产生轻微的影响，但尚不能由此得出结论：这样的改变比单个基因变化所引起的变化更容易建立一个存活的新类型。

此外，即使增添两条同类新染色体可能会得到一种可稳定遗传的新个体，也不能改善这一现状，因为就我们目前所知——目前的证据还比较少——不适应的症状反而增加了。出于这一理由，要用这种方法将某个染色体群改变为另一染色体群，似乎不太可能，尽管不能完全排除这样的可能性。目前，我们还需要更多的证据来解决这一问题。

在一群染色体中，某一染色体有时增加或减少某些部分，上述的理由也同样适用，尽管理由不是很充分。这种改变所产生的影响，同前面的例子在性质上是相同的，但是在程度上要稍小一些，因此如果我们想知道变异所产生的效果是有益的还是有害的，会更为困难。

近几年遗传学方面的研究表明，尽管在近亲物种中，甚至在整个同科或同目中，会出现染色体数目相同的情况，也不能冒昧地以此假定染色体上的基因是相同的。遗传学的证据开始阐明：基因的重新改组可能有两种方式，且在染色体大小上不会出现明显差异。第一种改组是在同一条染色体内，基因或许会出现位置上的颠倒；第二种改组是在两条不同的染色体间，基因会出现局部的置换。甚至是整条染色体的基因，也会以各种各样的方式重新组合，而不改变原来的数目。基因的这种重新改组的方式，对连锁关系有较为深远的影响，进而影响不同性状的遗传模式，但并未改变所涉及基因的种类或总数。因此，除非我们可以通过遗传学研究来证实细胞学上所观察到的现象，否则，我们就不能把染色体数目相同当成染色体组群的基因也完全相同，因为这一假定是不妥的。

染色体发生数量改变的方法有两种，其一是两条染色体接合在一起，就如同果蝇的附着X染色体；其二是染色体的断裂，就如同汉斯对待霄草和其他案例的研究。由赛雷尔所描述的蛾类染色体的暂时性分离和聚合，同样也被纳入这一类。尤其像他本人所假定的那样，这些分离的要素有时或许会重新组合在一起。

乍一看，同多个基因改变所产生的效应相比，单个基因内部的改变所产生的效应会更剧烈。然而，这个最初的效应或许只是对我们的误导。遗传学家所研究的许多显著的突变性状，与原来的同对正常性状相比，固然差异显著，但这些突变性状之所以屡屡被选为研究的素材，正是因为它们和典型性状截然不同，便于区分，从而更易于在后续的世代中辨别其踪迹。所选的突变性状，相比于区别不那么明显的性状，或是在某一组中有所重叠的两个不同性状而言，性状的鉴定会更精确，结果也会更准确。更为奇特的或极端的性状一般都更容易引发关注和兴趣，这些性状通常都呈现出"畸形"的形态，因此更容易被当作遗传研究的对象，而那些不太明显的性状就被人们忽视或放弃了。遗传学家熟知以下事实：对任何一群特殊性状，研究愈深入，则一开始被忽略的突变性状，也出现得愈多。既然这些突变性状与正常型性状极其相似，那么突变过程既涉及很小的改变也涉及很大的改变，也就变得更加明显了。

在之前的文献中，我们将反常类型称为"怪异"（突变=sport）。很长一段时间以来，人们都认为这种"怪异"与变异是不同的，变异指的是物种中经常存在的细微差异或个体差异，可以将两者鲜明地区别开来。而现在我们知道，这种显著的对比并不存在，怪异和变异可以有相同的起源，且按照相同的规律遗传。

已经证实的是，很多细微的个体差异确实是发育时所处的环境条件导致的，且表面的检测，通常不能将其与遗传因子所引起的细微变异类型区别开来。现代遗传学的重要成果，就是承认了这个事实，并且创造出了一些方法，用于探究这些细微差异究竟是何种因素造成的。如果真的像达尔文所假定的那样，如果真的像现在大家所接受的那样，进化过程是对细微变化的缓慢积累过程，那么，还会继续出现在后代中的变异，一定是遗传性的变异。因为只有这样的变异，而非环境引起的变异，才是可以遗传的。

然而，我们不应该从前面陈述的那些内容中得出这样的推测：发生在身体某一特定部位的突变，会产生单个显著改变或单个细微改变。相反，从果蝇的相关研究中所得出的证据，与我们精密地研究其他物种所得来的证据一样，都证明了：在某个部位的突变较为明显的情形下，突变一般还会对其他部位或是全躯干造成影响。如果我们从突变体的活动、生育能力以及生命长短来看，会发现突变的次级影响不仅涉及身体结构上的改变，也表现于生理效应上。例如，果蝇总是飞向有光源的地方，当其常规体色出现细微突变时，向光性（飞向有光源的地方）便也跟着消失了。

相反的关系也一定是存在的。由突变基因影响生理过程和活动而带来的细微改变，或许会频繁带来外在结构性状的改变。如果这些生理上的改变，是为了使某一物种更好地适应环境，那么预计这些改变便能保留下来，而且，有时还会促成这一新类型存活的希望。这些新类型和原类型，在恒定而细微的外在性状上会有所不同。既然很多物种间的差异都是以此形式出现的，那么我们可以作出这样的解释：其恒定性不在于它们本身的生存价值，而在于它们与其他内部性状的关系，这些内部性状对于该物种的生存安全是很重要的。

根据上述内容，我们可以合理地解释整条染色体（或染色体中的某部分）所引起的突变和单个基因所引起的突变之间的差异。前面一种改变并未给某一物种增添本质上的新东西，只会或多或少地影响已存在的性状，而且，虽然影响程度较小，但会涉及较大范围的性状。后一种改变——单个基因的突变——或许也会产生较广泛且轻微的影响，不过除此之外，基因的突变还会导致躯体的某一部位发生显著改变，且别的部分也会随之发生较小的改变。这是常常发生的情形，就像我提到的，后一种改变会为遗传学研究提供有利的材料。这些改变，已经得到广泛的利用。现在，正是这些突变占据着遗传学刊物的头条，由此引发了普遍的错觉：每一个突变性状，都只受一个基因的影响。进而引申出这样一个更为严重的谬论：每个单位性状在生殖物质中，都有一个单独的代表。相反，胚胎学的研究表明，躯体的每一个器官都是终产物，是一长串过程的终点。一次改变如若影响了过程中的任何一个阶段，通常都会在终产物上形成改变。所以我们看到的，正是这个显著的最终效应，而不是当时影响得以发生的那个点。就像我们容易假定的那样，如果单个器官的发育过程涵括了很多步骤，并且每一个步骤都受到大量基因的影响，那么，对于躯体中的任何生殖器官来说，生殖细胞的细胞质中不会只存在单个代表，不管这个器官是多么小或是多么微不足道。假设一个极端的例子，在生成躯体的每一个器官时，所有的基因都发挥了作用，也即这些基因都产生了器官发育所需的化学物质。这样的话，如果一个基因发生改变，并且产生了与之前不同的化学物质，那么终产物也会受到影响；如果该基因的改变对这一器官产生了重大影响，那么我们就会觉得这一重大影响就是由该基因单独造成的。从严格的因果关系来看，这是没问题的，但这一效应只会在联合其他所有基因的条件下才可能出现。换句话说，与之前一样，所有基因都会对这一效应的出现有所贡献，只是由于其中一个基因的改变，造成了最终结果的变异。

那么，这样看来，或许每一个基因对特定器官都有着特定效应，但绝不是说，这一基因就是该器官的唯一特定代表，反之，这一基因对其他器官也有着同样的特定效应；而且，在一些极端案例中，这一基因可以对所有器官或是性状产生特定的效应。

现在，我们回归到比较上来。一个基因内部的改变（如果是隐性基因，自然就涉及一对相同基因），总是要比现存基因成两倍或三倍地增长，更容易破坏所有基因原有的平衡。所以前者产生的效应往往更为局限。引申开来，这一论点似乎意味着，每个基因对于个体的发育过程都有特定的影响，这同上面所主张的所有基因或大多数基因联合行动以得到确定而复杂的终产物的观点并不矛盾。

目前，多个等位基因的存在，是支撑各个基因特定效应的最佳例证。在此，同一基因位的改变，主要影响的是同一物种的终产物，但这一终产物并不局限于某一器官内部，还包括受到明显影响的所有部分。

突变是否源于基因退化

德弗里斯在他的突变理论中，谈及我们现在所称的隐性突变的那些类型时，认为这是源于基因的失活或缺失。他将基因的这些改变视作退化。几乎同时或在稍迟一些的时候，主张隐性性状是由于生殖物质中部分基因缺失的这一观点，变得流行起来。目前有几位批评学者，对进化的哲学的探讨兴趣尤为浓厚，他们猛烈抨击遗传学者所研究的突变型与传统的进化理论相关的观点。我们暂且不讨论后面这一点，将这一问题留到以后再做探讨。至于说单个基因上所发生的突变过程仅局限于基因的缺失或部分缺失，或退化（我冒昧地称呼这样一种变化），这一主张却有着重要的理论意义。因为，正如贝特森在1914年的演讲中极具逻辑性地阐明的那样，我们在遗传研究中所用到的材料是起源于基因的损失；从字面意思来看，损失的这一基因实际上就是野生型基因的等位基因；而仅对于这项证据在遗传方面的应用来说，这一基因会引出一个进化谬论，即这一过程是对原有基因库的一种稳定的消耗。

考虑到有关这一问题的遗传学证据在第六章已经讨论过了，因此，没有必要把前面所说的再总结一遍，但容我重申：我们没有理由从许多突变性状都是有缺陷的甚至有部分性状或全部性状是缺失的这一事实，推断出这些突变性状是由于生殖物质中相应基因的缺失。暂且不谈存缺理论是否武断，仅就关于这一问题的任何直接证据来看，像我之前试图证明的那样，都是不支持这样的观点的。

还有一个较为有趣的问题：引起突变性状（不论是隐性性状、中性性状还是显性性状都一样）的基因上发生了一些变化或许多变化，到底是由于一个基因的分裂，还是由于基因重组成另一元素，而产生一些不同的效应？除非先验地认为，一个高度复杂的稳定合成物更有可能分解而不是组建，否则就没有理由假定：这样的改变（如果真的发生）是一个下滑过程，而非一个更为复杂基因的生成过程。除非我们知晓更多有关基因的化学组成以及基因是如何成长和分裂的，否则，要验证这两个观点的正误，是徒劳无功的。对于遗传学理论来说，我们只需去假定任何一种改变都可以作为所看到的事实的基础这一点即可。

目前，要讨论新基因是否是从原有基因之外独立发生的，同样也是徒劳的；如果还要去讨论基因是如何独立发生的，就更加枉费心思了。我们得到的证据，并没有为新基因独立发生这一观点提供任何理论依据。即使要去证明没有新基因的出现，虽然不是没有可能，但也应该是极度棘手的。对古人来说，蠕虫和鳗鱼源自河流的黏液，寄生虫源于满是灰尘的黑暗角落，并非难以置信。仅100年前，人们还相信细菌的生命起源于腐坏的物体[1]，但要

---

〔1〕译者补充：1683年，荷兰人列文虎克（A. van Leeuwemhoek，1632—1723）在一位从未刷过牙的老人的牙垢上观察到了细菌。当时人们认为细菌是自然产生的，即自然发生论。（转下页）

去证明细菌的生命不是起源于腐坏的物体这一点，却是相当困难的。向一个坚持基因是从其他基因中独立出现的信徒证明基因不会独立发生，并使其信服，同样是很困难的事情。除非我们不得不作出这样的假设，在此之前，遗传学理论都没有必要去过分考虑这一问题。目前我们还发现，没有必要在连锁群内，或是在它的两端插入新的基因。如果在白细胞[1]中的基因数量，和构成哺乳动物的所有身体细胞中所含有的基因数量相同，而且，如果前者只构成变形虫的细胞，而后者聚合成人的体细胞，那么，提出变形虫所需基因少而人体所需基因多的观点，似乎就没有必要了。

基因是否属于有机分子一级

讨论基因是否属于有机分子这一问题仅有的实践意义在于，该讨论或许和基因稳定性的本质相关。在谈到稳定性时，我们或许将其解释为基因倾向

（接上页）1828年，细菌这个名词最初由德国科学家埃伦伯格（C. G. Ehrenberg，1795—1876）提出，用来指代某种细菌。这个词来源于希腊语 βακτηριον，意为"小棍子"。

19世纪60年代，巴斯德（L. Pasteur，1822—1895）用鹅颈瓶实验指出，细菌不是自然发生的，而是由原来已存在的细菌产生的。由此，巴斯德提出了著名的"生生论"。他还发明了"巴氏消毒法"，被后人誉为"微生物之父"。1866年，德国动物学家海克尔（E. Haeckel，1834—1919）建议使用"原生生物"一词表示所有单细胞生物（细菌、藻类、真菌和原生动物）。

1878年，法国外科医生塞迪悦（C. E. Sedillot，1804—1883）提出用"微生物"来描述细菌细胞或者更普遍地用来指微小生物体。

因为细菌是单细胞微生物，肉眼无法看见，需要用显微镜来观察。1683年，列文虎克最先使用自己设计的单透镜显微镜观察到了细菌，大概放大了200倍。巴斯德和罗伯特·科赫（R. Koch，1843—1910）指出细菌可导致疾病。

〔1〕白细胞：一类无色、球形、有核的血细胞。白细胞不是一个均一的细胞群，根据其形态、功能和来源部位可以分为三大类：粒细胞、单核细胞和淋巴细胞。其中粒细胞又可根据胞质中颗粒的染色体性质不同，分为中性粒细胞、嗜酸粒细胞和嗜碱粒细胞三种。白细胞是人体与疾病斗争的"卫士"。当病菌侵入人体时，白细胞能通过变形而穿过毛细血管壁，集中到病菌入侵部位，将病菌包围、吞噬。

于围绕着某一确切参数而上下浮动，或者是解释为有机分子的那种稳定性。如果后一种解释成立，那么遗传学的问题就简化多了。如果将基因视为仅由一定数量的物质所形成的结合体，那么我们便不能合理解释基因在历经异型杂交的变化之后，为何仍旧如此稳定，除非我们能找出除了基因之外，还存在某种组织的神秘力量，使基因得以保持稳定。目前，解决这一问题的希望甚是渺茫。几年前，我致力于计算基因的大小，希望可以为解决该问题带来一线生机，但目前，我还缺乏确切的测量，所以目前对基因大小的测量不过是推测而已。这样的测量表明，基因的大小接近于大型有机分子。如果这一测量结果有任何价值，那么便可能意味着基因不至于太大，可以将其当成一个化学分子；但我们的推断也仅仅到此为止。甚至基因可能不是一个分子，而仅仅是非化学性结合的有机物质的集合。

　　虽然如此，我们还是很难放弃这一迷人的假设，即基因是稳定的，因为它代表着一个有机化学实体。这是目前人们能得出的最简单的推断，而且既然该观点与基因稳定性的有关事实相吻合，那么该观点便可以暂时用作一个较好的试用假说。

文化伟人代表作图释书系全系列

中国古代物质文化丛书

《长物志》
〔明〕文震亨 / 撰

《园冶》
〔明〕计 成 / 撰

《香典》
〔明〕周嘉冑 / 撰
〔宋〕洪 刍 陈 敬 / 撰

《雪宦绣谱》
〔清〕沈 寿 / 口述
〔清〕张 謇 / 整理

《营造法式》
〔宋〕李 诫 / 撰

《海错图 》
〔清〕聂 璜 / 著

《天工开物 》
〔明〕宋应星 / 著

《工程做法则例 》
〔清〕清朝工部 / 颁布

《髹饰录》
〔明〕黄 成 / 著 杨 明 / 注

《鲁班经》
〔明〕午 荣 / 编

"锦瑟"书系

《浮生六记》
刘太亨 / 译注

《老残游记》
李海洲 / 注

《影梅庵忆语》
龚静染 / 译注

《生命是什么？》
何 滟 / 译

《对称》
曾 怡 / 译

《智慧树》
乌 蒙 / 译

《蒙田随笔》
霍文智 / 译

《叔本华随笔》
衣巫虞 / 译

《尼采随笔》
梵 君 / 译

中华文化经典著作

《周易》
金 永 / 译解

《黄帝内经》
倪泰一 / 编译

《山海经》
倪泰一 / 编译

《本草纲目》
倪泰一 李智谋 / 编译